U0231602
MILK

MILK

画给孩子们的发明与创造

李洁◎编著

中国華僑出版社
·北京·

前言

小朋友们，你知道中国的四大发明都有哪些吗？你知道电视机里为什么会出现图像吗？你知道为什么通过望远镜我们就能看到太空里的景色吗？你知道为什么显微镜下我们能看到肉眼根本看不到的生物吗？

这所有的一切在这本书里你都可以找到。

孩子们天生具有旺盛的好奇心和求知欲，他们勇于探索，乐于实践。他们会对日常生活中成年人习以为常的现象和司空见惯的物品感到好奇，不停地追问为什么，对变化无穷的自然现象和科学奥秘深深地着迷。这份好奇心和求知欲是人类最宝贵的天资，也是科学发展和社会进步的最大动力。

让我们回想一下，古今中外，人类文明史上出现过哪些意义重大的发明创造？文字、货币、印刷术、织布机、望远镜、摆钟、自行车、照相机、灯泡、飞机……这些具有重要意义的发明和创造是被谁发明和创造出来的？他们付出了怎样的汗水

和辛劳，又遇到了怎样的幸运和巧合？

《画给孩子们的发明与创造》是我们为孩子们精心打造的一本科普图书。在这本书中，我们尽量使用简单易懂、生动有趣的语言，向孩子们介绍每一项发明背后的故事，不但告诉孩子们这些发明创造是如何出现、如何被需要，也展示了发明它们的人是如何思考、如何坚持不懈地反复进行试验和实践。

每一项发明都饱含了人类的智慧和灵感，代表着无数的汗水和幸运。希望本书能引导孩子们保持对大千世界奥秘的探求，以及对科学和未知空间的渴望贡献微薄之力，若有疏漏遗误，敬请原谅。

目录

汉字

文字是人类进入文明社会的标志。古埃及人留下了“圣书体”，古苏美尔人创立了“楔形文字”，我们的祖先则留下了“汉字”。中国的汉字已经有六千多年的历史，是全球使用时间最长且没有出现断层的文字。

▲古埃及的文字也是象形字

在文字发明之前，人类的交流依靠口口相传。如果想要记录一些重要的事情怎么办呢？有聪明的人想出了“结绳记事”的方法。在一些部落里，有专人负责遵循一定的规律，使用不同的绳子，结成不同距离、不同规格的结，以记录不同的事件，代代相传。

文字是怎么出现的呢？原来，原始人最早会用“图画”来表达自己，他们用线条或笔画，把要表达物体的外形特征勾画出来，将场景勾勒出来。随着生产与生活的发展和提高，有些“图画”变得流行起来，演变成了符号，这种符号能被大部分人识别，这就是文字。而源于具体“图画”的那些符号就是“象形字”，成为汉字造字的一种方法。

▲象形字

文字与所代表的东西在形状上很相像。

象形字为汉字的形成和发展打下了基础，是中华民族对世界科学文化的一项重大贡献。

◀结绳记事

结绳记事发生在文字发明之前，至今有的少数民族仍然保留这种记事的方法。

▲仓颉造字的传说

关于汉字的起源，还有一个神秘的传说。传说远古黄帝时期有一个名为“仓颉”的史官，他就是汉字的创造者。当时黄帝部落是最强大的部落，出于生产和外交的需要，迫切需要有一套各部落都能接受和适用的通用“符号”。仓颉承担起这一任务，进行文字的搜集、整理和创造。他受到鸟兽留下的足迹的启发，又在广大人民中进行走访和搜集，最终创造出了汉字。

无论哪种说法，汉字造字最终形成了六种方法：象形、指事、会意、形声、转注和假借。其中，象形字是汉字创制的基础。

在中国历史上，甲骨文是最早出现的文字，之后汉字的演变经历了“甲骨文 —> 金文 —> 小篆 —> 隶书 —> 楷书 —> 草书 —> 行书”的过程。

甲骨文		楷书	断
金文大篆		草书	
小篆		草书	
隶书		行书	断

▲汉字的演变

汉字是承载文化的重要工具，在历史上对周边文明的传播分享有着重要作用，不仅推动了中华文化的发展，还对世界文化的发展产生了深远的影响。

◎引经据典·小百科◎

象形文字是由原始社会最简单的图画和花纹产生出来的。古埃及的原始岩画没有欧洲岩画古老，但比大洋洲岩画流传得长久，时间在一万年以上，是世界上岩画延续时间最长的地区之一。

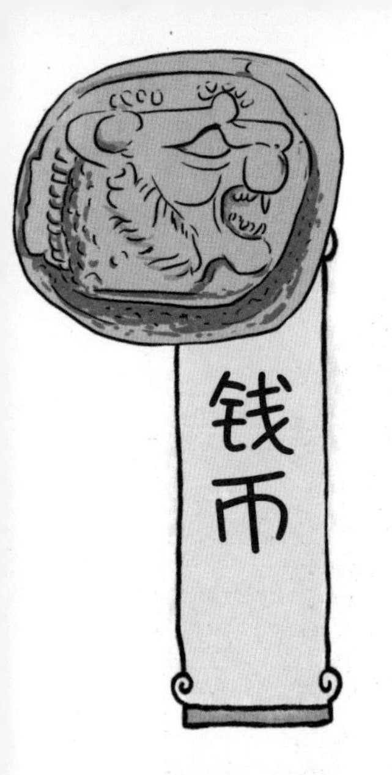

钱币，不管是用金属铸造的还是印刷的纸币，都是用来交换货物的。按照经济学的定义，货币还有作为价值的尺度的功能，它代表货物的价格，也能够让人们保存财富。

货币，俗称“钱”。有了钱，可以购买很多东西。但“钱”没有出现之前，人们是如何得到想要的货物呢？种地的人想要得到布匹，织布的人想要得到粮食，当人们想要换得对方的货物时，就用自己手里的“货”去和别人交换。这就是“物物交换”。

▲物物交换

后来，人们发现每个人能够拿出来交换的东西只有那么几样，有时候不得不找一种大家都能接受的物品才能换到自己想要的东西。如果有一种物品所有人都愿意用它交换就好了——这种物品就是“货币”。很多物品充当过最早的货币，比如贝壳、皮毛，甚至茶叶等。

▲半两钱

秦统一中国后所推行的，沿用至汉代的“半两钱”。

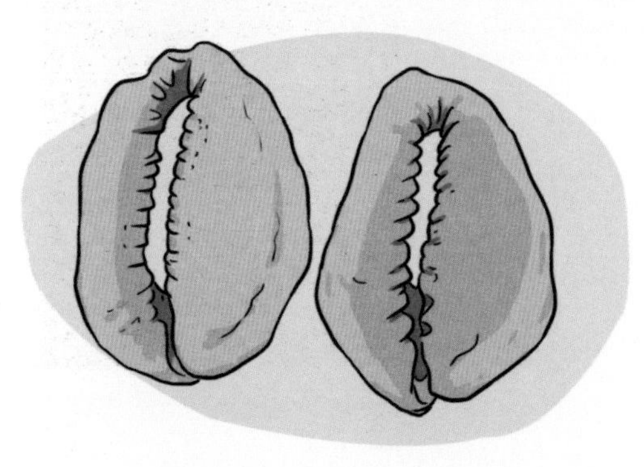
▲中国夏商时期出现了天然海贝充当的“贝币”

经过选择和比较，数量稀少的金、银、铜逐渐更多地充当起货币，人们对金属进行切割、称重，后来又主动“铸造”统一重量和成色的金属硬币。

钱币又是怎样从金属发展到纸币的呢？硬币虽然方便，但是，如果进行大量交易，

▲中国宋代“交子”

两面有印记、密码，使用时填写金额，代替铁钱流通。

所需的金属钱币的重量和体积就成了烦恼。另外，金属钱币在使用中会出现大量的磨损，开始变得“不值钱”了。为了解决这一难题，人们发明了“纸币”。中国宋朝年间四川地区的商人发明了“交子”，这是世界上最早的纸币。过了大约五百年后，瑞典在1661年发行了欧洲大陆第一批钞票。

▲外国纸币

纸币和贵金属“金、银、铜”不同，它本身是印刷出的“纸”，没有自身的“价值”，它只是货币的“符号”，所以国家不可以任意发行纸币，纸币的发行量必须以流通中真实需要的货币量为限度，否则就会引发通货膨胀。

如今人们使用的银行卡和二维码进行电子支付，大大降低了使用“纸币”的概率。但无论怎样变化，货币已经把世界经济变成了一个整体，几乎每种物品都有了定价。

▶通货膨胀

通货膨胀时，人们需要用很多钱才能买到东西。

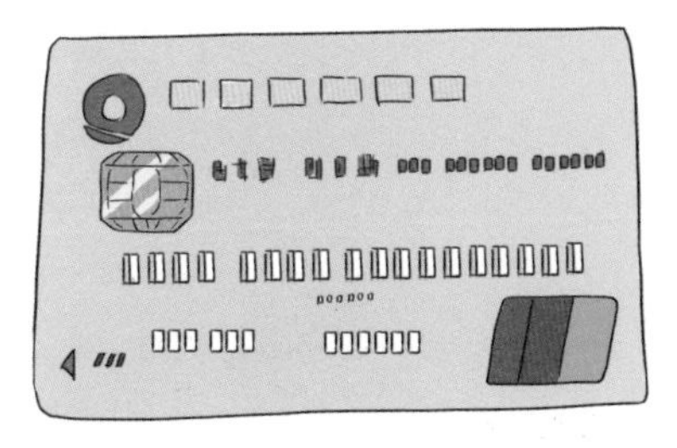

▲银行卡

银行卡上的芯片储存了账户信息。

◎引经据典·小百科◎

意大利旅行家马可·波罗来到中国后，发现了元代使用的纸币。他在《马可·波罗游记》中介绍了中国纸币印制工艺和发行流通的情况。美国学者罗伯特·坦普尔说：“最早的欧洲纸币是受中国的影响，在1661年由瑞典发行。”

犁

犁是一种耕地的农具，至今仍在使用。用犁耕地在世界各地都曾出现过，它的发明是农业社会的巨大进步。用犁耕地增加了产量，节省了时间，扩大了生产规模，让人们有了更多的收获。

从古到今，耕地都是农业生产的步骤之一。秋季时，人们要翻起土壤，为来年春天播种做好准备。最初人们只会找一根尖头木棒，为了省力，提高效率，开始不断进行改进。比如，在尖头附近绑上短木，可以方便脚踩；或是绑上薄板可以除草。五千多年前，美索不达米亚和埃及的农民就开始使用犁。在亚洲黄河流域，中国在夏商周时期人们就开始使用了“石犁”。

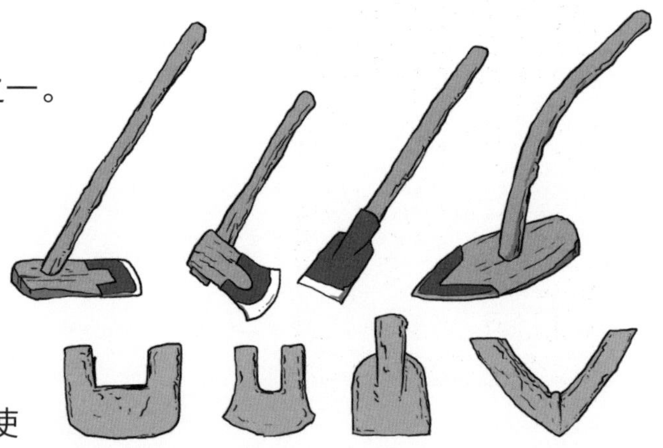

▲早期的耕地工具

▼古埃及人耕作

古埃及人耕种时把耒耜连在横梁上，用牛拉动，进行田间耕作。

早期的犁，制作时需要寻找一段“Y”形的木头，下面削尖，上面的分枝做成把手。随着前方的牛缓缓拉动，下面的尖头就会在泥土里扒出一道沟。有的地方还曾用鹿角来作为耕种的工具。

随着人口的增多，农民们再次改进自己的工具。首先铁犁出现了，人们也开始用牛拉犁耕田。中国出现了直辕犁，有了犁头和扶手。到隋唐时期，曲辕犁被发明出来，犁架变小，重量减轻，由旧

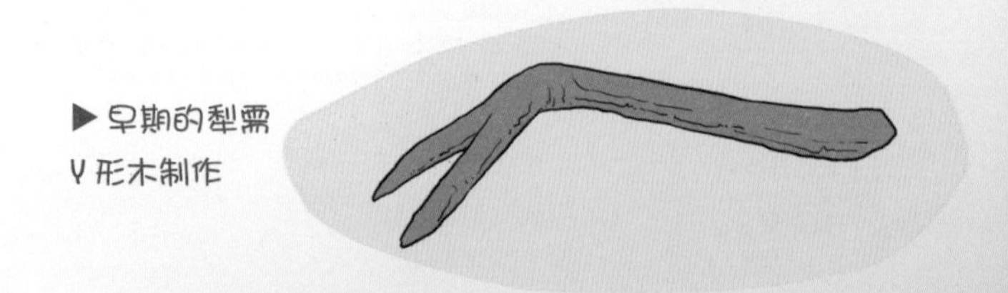

▶早期的犁需Y形木制作

式犁的二牛抬杠变为一牛牵引，特别适合在南方水田耕作。

▶曲辕犁

犁架变小重量减轻，便于回转，操纵灵活，节省畜力，只用一牛牵引。

19世纪，蒸汽机带动人类社会进入工业革命时期。畜力不再是拉犁的唯一选择，英国工程师设计的蒸汽动力的犁带来了更大的耕作效率，不过这种机械只适合农场。犁的改进，使更少的人可以耕种更多的地，也让作物可以轮作，使得土地有了更多的收获。快速的食品生产催生了农场，改变了人类的生产与生活。

▼直辕犁

犁辕长而直，需二牛抬杠牵引，不好转弯。

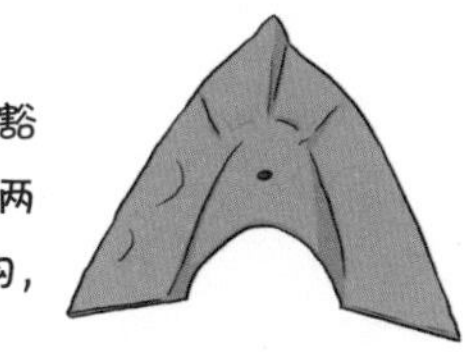

▶犁铧

可在土地上豁出一条条沟，土向两边排出，中间为犁沟，达到松土的效果。

◎引经据典·小百科◎

人们在命名耕作制度时也常以农具为依据，如新几内亚高地的文化，被称为“掘棒农业文化”，哥伦布到达美洲之前的美洲文化，被称为“耕锄农业文化”，古代亚欧以及北非大部分地区的文化，被称为“耕犁文化”。

◀以蒸汽机为动力的犁

以蒸汽机为动力，可反复耕作，一次产生六道犁沟。

轮子

轮子，看起来是个十分简单的发明，但又是一项人类的重要发明。轮子最普遍的用途是安装在交通工具上。当齿轮被发明出来后，如果没有轮子，不但车辆无法行驶，机器也就无法运转了。

轮子的用途是什么？最直观的用途就是让我们可以搬动比自身重量大得多的物体。在车轮发明以前，人们想要搬运重物，可能需要许多圆木——埃及人正是把巨石放在圆木上，才能把石料堆积到一起建成金字塔的。还有一种方法，就是借助斜坡，把岩石拉上去。

这两种方法都太费力了。是谁首先想到发明“轮子”呢？车轮的前身在制陶业中早就出现。制陶时，两个陶轮中间有一根轴，下面的轮盘旋转，上面的轮盘放置黏土便于操作。人们意识到了轮子装在轴上会用起来更加方便，然后手推车出现了。这是一种能够运物、载人的相当轻便的工具，比人力和畜力都要好得多。

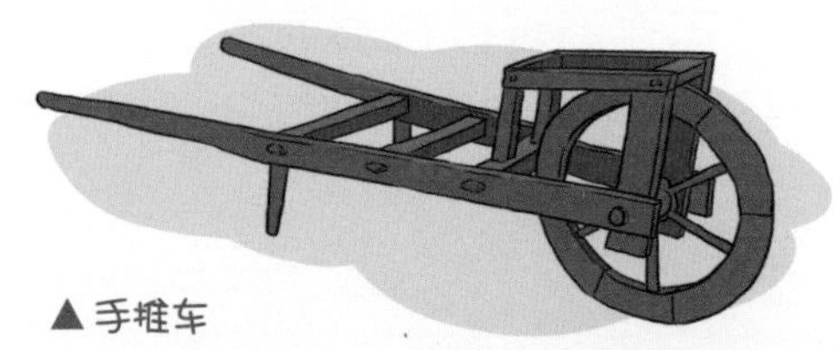

▲手推车

又叫独轮车，车轮和车身并不直接相连。

▼滚动圆木

需要前方有人拉、后方有人推，另外还需要人把后边用不到的圆木再抬到前面去。

关于车轮的另一项设计就是“辐条”的发明。大约在公元前 2000 年，西伯利亚西部地区有人用辐条代替了木头，使原来笨重的轮子一下变得轻巧起来。

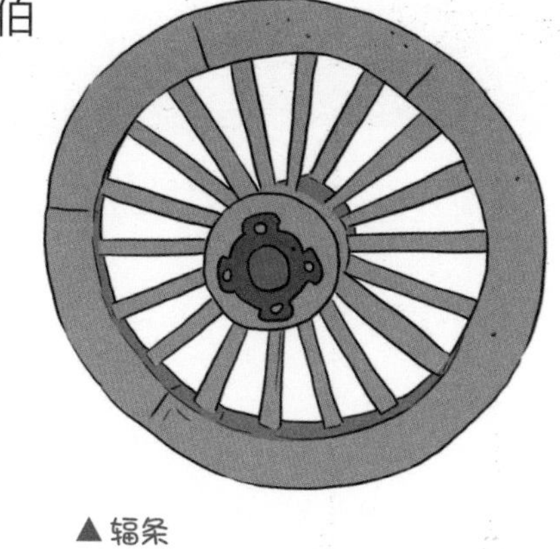

▲辐条

由中心向外伸展的许多杆、棒或直线。

随着轮子变得越来越方便，用于战争的车辆被设计出来。战车在各个国家不同历史时期冲入敌阵，具有巨大的杀伤力，战车上的士兵投掷标枪，发射弓弩，所向披靡。

▲埃及战车

▼秦朝战车

◎引经据典·小百科◎

中国古代传说中，黄帝把木头插在圆轮子中央使它运转，因而发明了车辆。《左传》中提到，车是夏代初年的奚仲发明的。在殷代文物考古中发现了殉葬用的车，车由车厢、车辕和两个轮子构成，已经是一种比较成熟的设计。

轮子的用途很多。如水车，这种古老的灌溉工具，一般高 10 米多，由长 5 米、直径 0.5 米的车轴支撑着 24 根木辐条，用来灌溉农田。现在我们看到更多的轮子，运转在不同的车辆上。车轮滚滚，伴随人类的文明一直前行。

▶水车

船

船，指的是利用水的浮力，依靠人力、风帆、发动机等动力在水上移动的交通工具。不同类型的船有舟、筏、轮、舰、艇等名称，总称为船舶或船艇。船的发明和使用大致经历了四个时代：舟筏时代、帆船时代、蒸汽机船时代和柴油机船时代。

早在石器时代，我们的祖先就会使用舟和桨在水上移动，进行捕鱼活动。最早的船舶是“独木舟”，也就是用一根木头制成的船，世界各地都出现过。当时，人们看到树叶能够浮在水面，受此启发，人们用石斧把树干削平，把中间的部分挖去或烧去，就这样制造成了“独木舟”。

▲伐木制舟

▲三种独木舟外形

独木舟的外形有三种：一种是平底的，头尾均呈方形；另一种是尖头方尾，底也是平的；第

▶太平洋战争中使用的蒸汽轮船

三种舟头翘起，尖头尖尾。

为了满足生活需要，人们制造了不需要划桨的“帆船”。许多帆船都是依靠一根桅杆张着一面帆前进，后来开始出现有 3 ~ 4 根桅杆的多帆船。这种帆船船身坚固，不怕风浪。带有“帆”的船出现了几千年，它轻巧、快速，可以进行长距离航行，18 世纪以前，帆船一直在海洋交通工具中占据统治地位。哥伦布等欧洲探险者就是驾驶着帆船发现了新大陆，开辟了新航线。

▶ 海洋之王“快帆船”

三角帆让帆船在逆风时按“之”字曲折前行，哥伦布驾驶帆船发现新大陆。

▶ 油轮

载运石油的运输船舶，90%使用蒸汽机作为动力装置。

18 世纪蒸汽机发明后，人们试图将蒸汽机用于船上。1807 年，美国人富尔顿首次在“克莱蒙特”号船上用蒸汽机驱动装在两舷的明轮，在哈德逊河上航行成功。从此机械力开始代替自然力，船舶的发展进入新的阶段。

内燃机出现后，柴油机和汽油机成为主发动机装在自制的船上，在德国纳卡河上航行成功。1902 年，第一台船用柴油发动机装在法国运河船“小皮尔”号上。在中东等地石油的大力开发下，运输船舶迅速发展。

◎引经据典·小百科◎

发动机是游艇的心脏。汽油发动机体积小，重量轻，噪声低；柴油发动机马力大，在船舶上的应用更广泛，寿命相对更长，适合推动更重型的船。

▼ 游艇

水上娱乐工具，集航海和休闲娱乐于一体。使用柴油或汽油发动机。

织布机

织布机，又叫织机，世界各地都有纺织和织机的发明。早在几千年前，人们就利用纺织工艺把自然纤维如棉麻、羊毛加工成布匹。织机的任务就是把线分经、纬交错织在一起，形成完整的布匹。

▲ 织造的步骤

织造的过程由开口、引纬、打纬、卷取、送经五个步骤组成。

衣食住行，是人类的基本需求。人们想要用衣服遮蔽身体，就要先有线、纺织成布、再裁剪、缝纫。那么，线是如何纺织成布呢？最古老的织布机“腰机”其实只是由几根木棍组成。织造时，依靠身体控制线的张力。中国在春秋战国时期出现了“踏板织机”，用机架代替人体，使织工腾出手来投梭，大大提高了织布效率。

▼ 踏板织机

▶ 原始腰机

有了布，布上的花纹又是如何织造出来的呢？这就要说到中国发明的“提花机”了。一般的织机只能织出平纹，只有提花机才能织出复杂的花纹来。人们为了能够使织机织造有规律的复杂花纹，先后发明了“棕片”

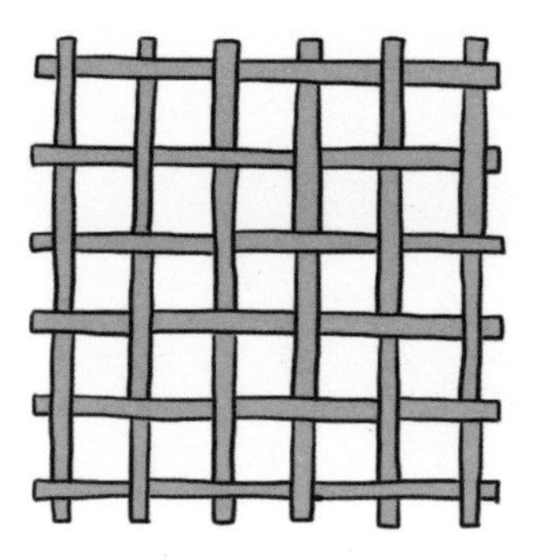

▲平纹结构

和“花本”来贮存纹样信息，用以控制提花程序。提花机是中国古代织造技术最高成就的代表。

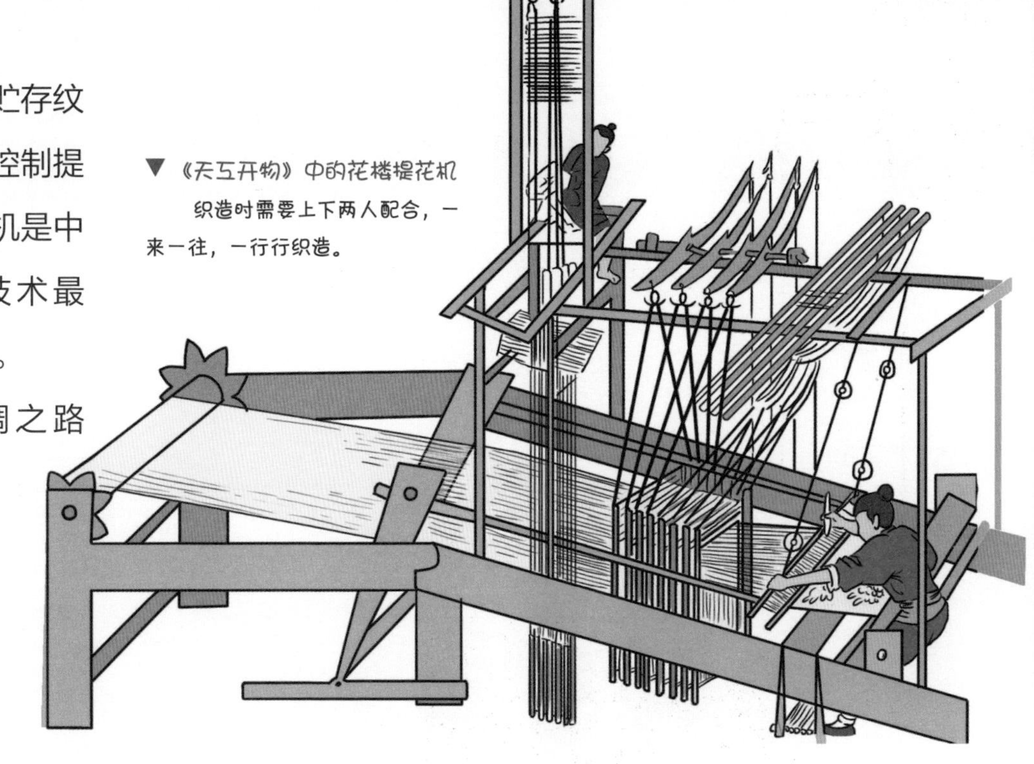

▼《天工开物》中的花楼提花机

织造时需要上下两人配合，一来一往，一行行织造。

随着丝绸之路的传播，中国纺织技术被当地织工仿效、创新，又传回中国，被中国织工学习，就这样，各国、各地区的纺织产品和技术得到了相互交流。

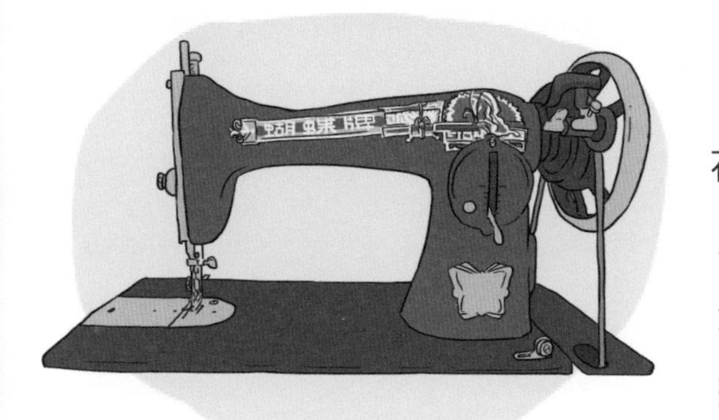

▲缝纫机

布匹织好后需要剪裁和缝纫才能做成衣服。1850年，第一台脚踏式缝纫机上市了。

19世纪初，法国人约瑟夫·雅卡尔发明了提花自动织布机。这种织布机使用穿孔卡片装置，实现了自动化，进一步提升了织布机的性能，推动了纺织业的技术革命。

▶约瑟夫·雅卡尔

◎引经据典·小百科◎

李约瑟说：在中国古代汉语中，机不只是指织机，而且指机智以及智慧。神机妙算，不只是指织机和织机上的提花程序，而且指人类通过织机创造物质文化的整个科学和艺术的过程。

造纸术

纸是文字和信息传播的载体，纸的出现对人类文明产生了重大影响。造纸术是中国古代四大发明之一，是我国古代劳动人民长期经验的积累和智慧的结晶。

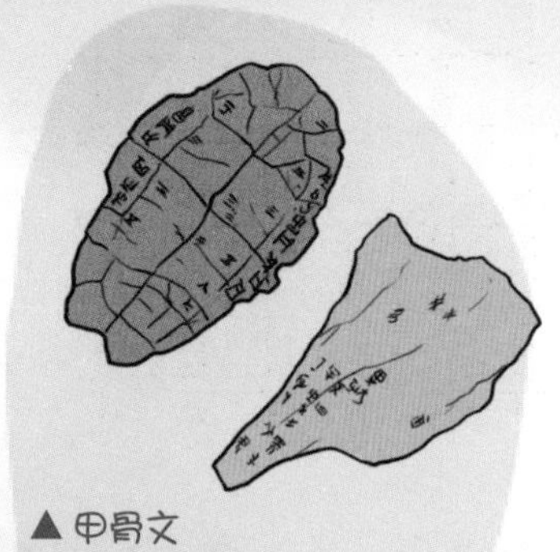

▲甲骨文

古人把占卜的结果刻在龟甲和兽骨上，上面的文字称为“甲骨文”。

在没有发明纸之前，人们如何记录文字呢？古代人民为了记录和传承知识，想尽一切办法。最早，他们把文字一笔一画地刻到龟甲和牛、羊、猪等动物的肩胛骨上，但甲骨数量稀少，文字难以得到广泛的传播，这种情况直到竹简的出现才得以改变。

▲沉重的竹简

每支简长度不一，能写的字数也不同。按每片二十五个字计算，一部《论语》要写六百多支“简”！

什么是竹简呢？人们把竹子或木头削成薄薄的片，每片写一行字，这就是“竹简”和“木牍”。古代使用竹简记录文字的时间很长，文字得以在更大的范围内传播，在造纸术发明前，竹简就是主要的书写工具。不过，竹简太重不便于携带，也不利于保存，写错字还需要用刀刮去，很不方便。

那么还有哪些材料可以用来写字呢？我们的祖先曾经在青铜器上刻字，也有人把丝织品如绢帛当成书写的材料制成“帛书”。欧

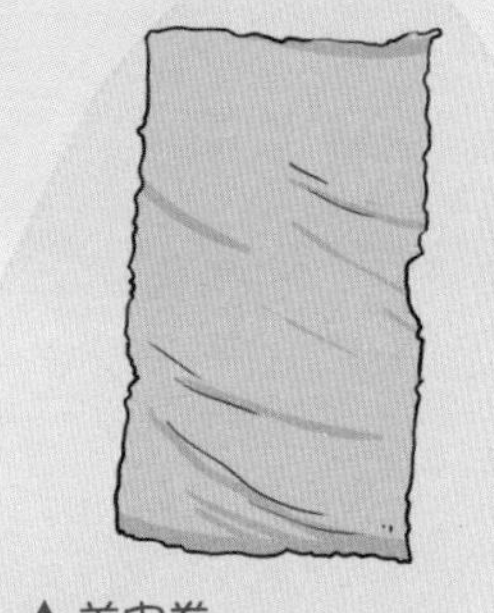

▲羊皮卷

一张羊皮最多能裁成四张 A4 纸，抄写一部《圣经》需要近 250 张羊皮。

洲人还把文字写在羊皮上，制作出“羊皮卷”。不过，这些材料作为文字载体都太昂贵了。

105 年，东汉人蔡伦总结前人的经验，改进了造纸工艺，制成了既轻便又便宜的纸张。

蔡伦是如何造纸的呢？他用廉价的树皮、麻头、破布和旧渔网为原料，让工匠们先把它们切碎、浸泡，过了一段时间后，里面的杂物烂掉只剩下不易腐烂的纤维。蔡伦让工匠们把这些纤维捞起来，放入石臼捣烂成浆，再用竹篾把这些浆状物挑起来。神奇的是，等干燥以后，从竹篾上揭下来的就成了纸。蔡伦制作的纸取材容易，价格低廉，所制出的纸轻薄又柔韧，非常适合书写，因此很快得到推广，逐渐取代了木简和帛。

▲蔡伦造纸

蔡伦的“造纸术”沿着丝绸之路向整个世界传播，深刻影响了世界文明的发展进程，是中华民族对世界科学文化的一项重大贡献。

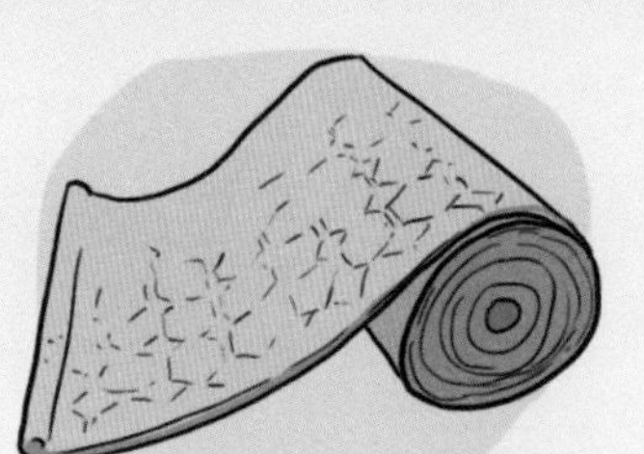

◀书“卷”

简牍和帛书都可以卷成一束，称之为“卷”。古代重要的文书仍习惯用帛来书写。

蔡伦造纸记载于南朝宋人范晔所著的《后汉书》：“自古书契多编以竹简，其用缣帛者谓之为纸。缣贵而简重，并不便于人，伦乃造意，用树肤、麻头及敝布、渔网以为纸。元兴元年，奏上之，帝善其能，自是莫不从用焉。故天下咸称‘蔡侯纸’。”

◀汉代造纸工艺流程

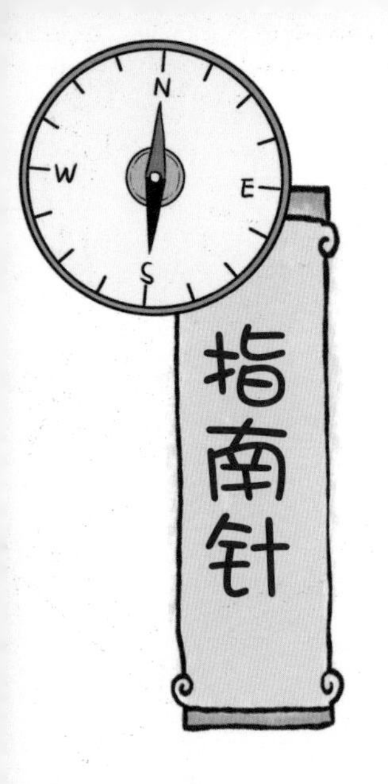

指南针

指南针，古代叫司南，是用来辨别方向的。作为中国古代四大发明之一，它的发明对人类的科学技术和文明的发展，起了不可估量的作用。在中国古代，指南针最早应用于祭祀、礼仪、军事和占卜与看风水时确定方位。

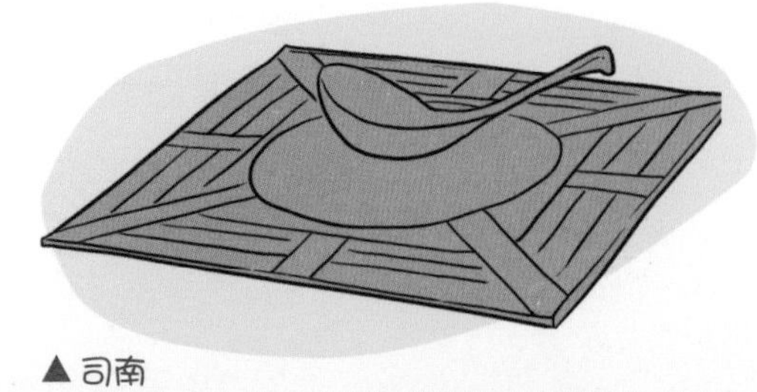

▲司南

指南针的始祖。由勺形磁石和方盘构成，盘上刻有方向，勺柄指向为“南”。

我们如何辨别方向呢？可以看太阳，太阳东升西落，可以帮助我们大致判断方向；还可以看天上的北斗星，每个季节，北斗星都会有不同的指示。除此之外，还有很多方法。而聪明的古人发明了“司南”，无论在何时都能分辨方向。

司南是如何被发明出来的呢？古人们在生产劳动中，发现了奇特的“矿山”，采出的矿石能够吸铁，这就是“磁铁石”。后来，人们发现无论怎么摆弄，这种磁铁石最终都会指向一个方向。利用这种“指向性”，人们把天然磁石经过打磨制作成了“司南”，这就是最早的指南针。

指南针在不同的历史时期发展出不同的形态。北宋时，人们制作出了“指南鱼”。指南鱼

▼采矿

根据《古矿录》记载，司南最早出现于战国时期的河北磁山一带。

◎引经据典·小百科◎

“司南”这个词，最早出现于战国时期，《鬼谷子》载：“郑（国）人之取玉也，载司南之车，为其不惑也。”说的是有个郑国人去“取玉”，必须要带上“司南”，不然就会迷失方向。

不需要方盘，只需要一碗水，使用很方便。古人在行军打仗时，如果遇到阴天黑夜，无法辨明方向，就会让老马在前面带路，或者用指南车和指南鱼辨别方向。

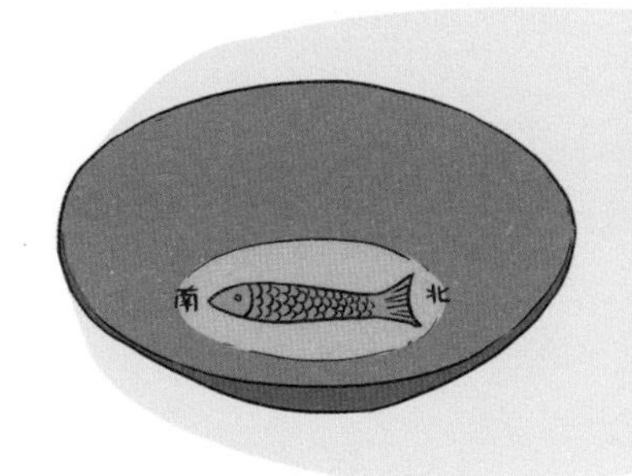

◀ 指南鱼

鱼是钢片制成，经过“人工传磁”后才可使用。

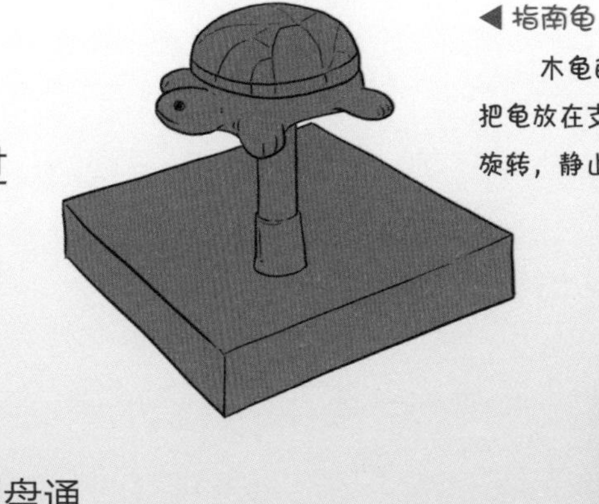

◀ 指南龟

木龟的腹部挖洞放入磁石，把龟放在支架上，使其可以自由旋转，静止时就是南北指向。

北宋时期，商业发达，当人们在海上航行时，仅仅通过观看星位并不准确，司南被人们简化成了“罗盘与磁针”，浮于水中以指南，称作“水罗盘”。它与方位盘配合，用来在海上确定方向和方位。

与水罗盘相对应的是“旱罗盘”。两者的不同在于旱罗盘通常是在磁针重心处开一个小孔作为支撑点，下面用轴支撑。随着中国旱罗盘传入欧洲，法国人将旱罗盘进行改进，将其装入有玻璃罩的容器中，易于携带，成为各国水手普遍应用的指南针。

司南根据物理学上磁学原理研制而成，是中国古代劳动人民在长期的实践中对物体磁性认识的发明，也是中华民族对世界文明做出的一项重大贡献。

▲ 旱罗盘

▼ 郑和下西洋乘坐的宝船上就装有水罗盘

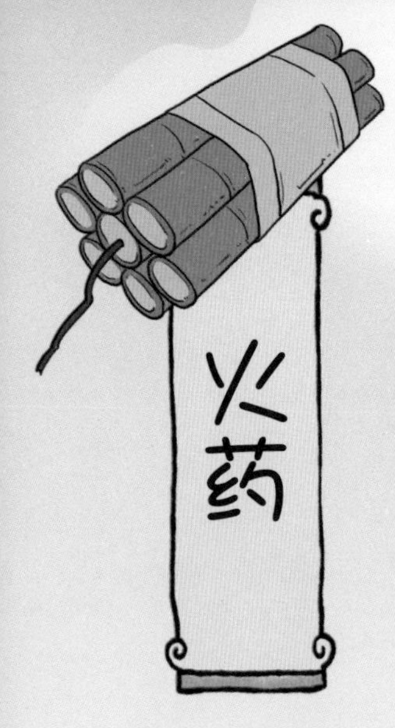

火药

火药与造纸术、印刷术、指南针并称为中国古代的四大发明。火药的使用推动了人类文明进程，然而很多人并不知道，火药起源于中国古代的炼丹术。

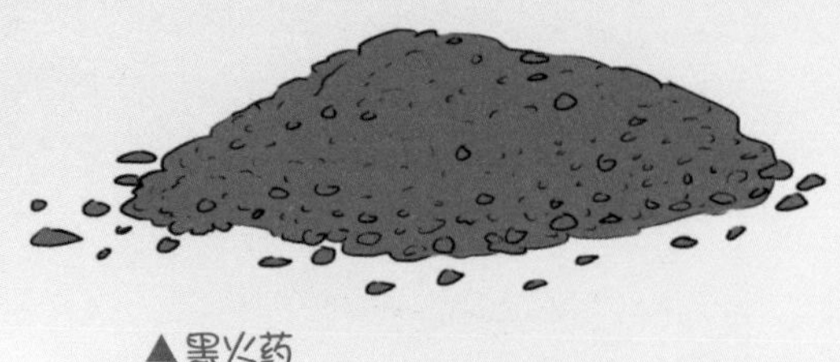

▲黑火药

民间长期流传火药的配方是“一硝二黄三木炭”，因呈黑褐色，故名“黑火药”。

古代的皇帝们渴望得到“长生不老药”，负责制作丹药的方士们在炼制丹药时无意中制作出一种“可以着火的药”。这种药由硝石、硫黄和木炭三种粉末混合而成，人们叫它“火药”。

那火药为什么会用来制作武器呢？方士们发明火药后很快失去了兴趣，因为它不能解决长生不老的问题，还容易燃烧，甚至引起爆炸。这一点却被军事家视如珍宝。唐朝末年，利用火药的燃烧性能，有人在攻城时使用了“飞火”，也就是“火炮”和“火箭”。

▼古代炼丹场景

宋代战争不断，火药武器发展得很快，人们发明出以火药为推动力的武器，又发现如果让

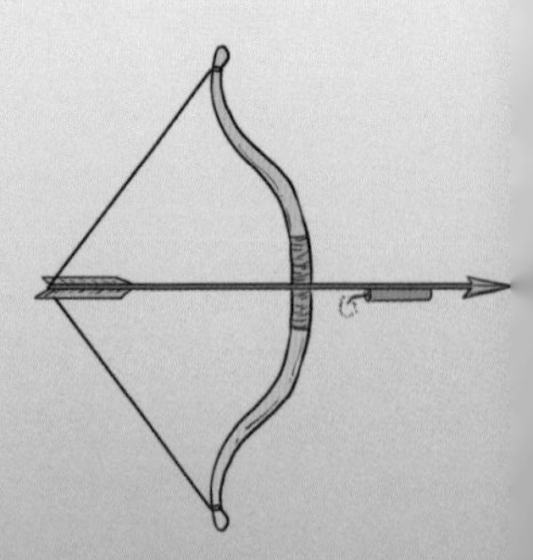

▲火箭

把火药绑在箭头下，点燃后用弓射出。

火药在密闭的容器里燃烧就会发生爆炸，于是制作各种爆炸性较强的武器，如“霹雳炮”“震天雷”等，还建立了专门的火药作坊。

◀ 宋代的“大火箭”

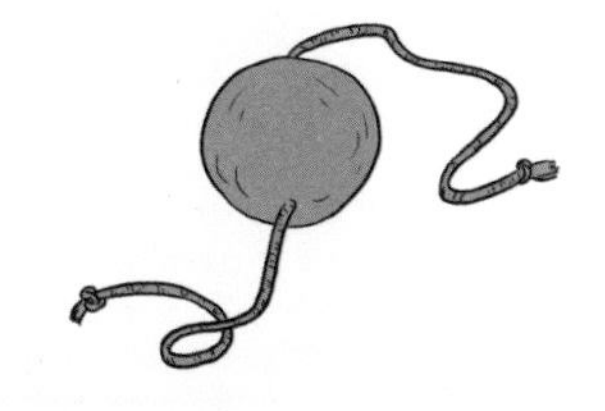

▲ 军用火药配方

宋代军事著作《武经总要》首次记载三个军用的火药配方：毒药烟球方、火炮药方和蒺藜火球方，这是世界上最早的军用火药配方。

南宋时期，火药的性能已有显著的提高，制造出以巨竹为筒，内装火药的“突火枪”。“突火枪”发射时，用木棍拄地，左手扶住，右手点火，巨响之后立刻射出石块或者“弹丸”。“突火枪”的最大射程可达 300 米，有效射程达 100 米。“突火枪”是所有现代管状喷射武器的鼻祖。

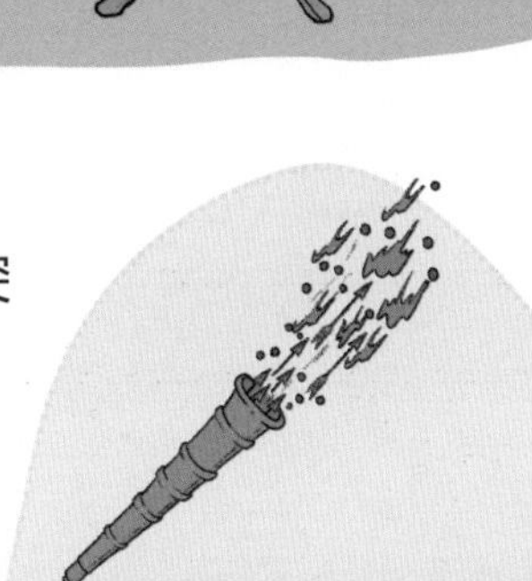

▲ 突火枪

突火枪前段是一根粗竹管，中段部分是填装火药的“火药室”，外壁上有小孔用来点火，后段是便于手持的木棍。子弹用瓷片、碎铁、石子之类组成。

根据“突火枪”的发射原理，元代制造出威力更大的铜铸火铳，以火药为动力发射石弹、铅弹和铁弹。明代则发明了多种“多发火箭”，如“火弩流星箭”，可同时发射 10 支箭；“一窝蜂”，可发射 32 支箭；“百虎齐奔箭”，最多可发射 100 支箭等。

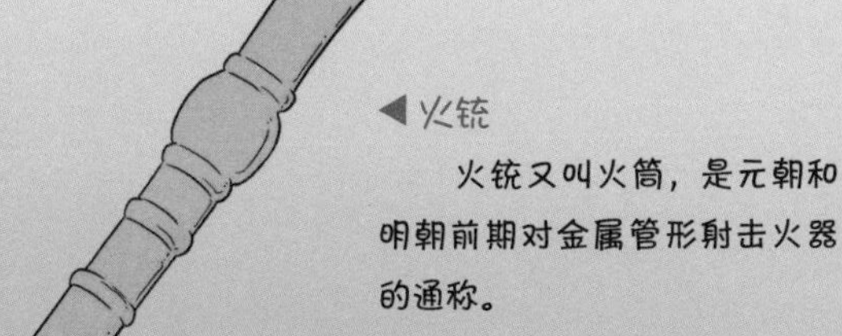

◀ 火铳

火铳又叫火筒，是元朝和明朝前期对金属管形射击火器的通称。

火药除了用在军事上，还广泛应用于民间，如“鞭炮”和“烟花”，为人们增添了节日的欢乐气氛。另外，火药在修建道路和开山、采矿等方面也发挥了巨大作用。

火药由阿拉伯人传入欧洲，动摇了西欧的封建统治，大大推进了历史发展的进程。火药是人类文明史上的一项杰出成就。

印刷术

印刷术，是中国古代四大发明之一。它的发明包括两个阶段：雕版印刷和活字印刷。其中活字印刷术的发明，是印刷史上的伟大技术革命，对人类文化的发展产生了重大影响。

在印刷术发明以前，人们想看一本书，主要靠手工抄写。如果这本书很长，甚至要抄上好几年，如果抄错了，就会出现谬误和曲解。古代有很多著作因此而失传了。幸好，雕版印刷出现了。

雕版印刷是怎样发明的呢？我们的祖先从拓碑和印章上受到了启发。拓碑比抄写快，但依然要花费很多时间，但如果把整部书像印章一样刻在木板上，不就变得简单了吗？到了唐朝时，雕版印刷术出现了。

什么是雕版印刷呢？就是将要印的字全都刻在一块块木板上，然后蘸墨、覆盖上白纸，按一按，一页书就印好了，最后装订成册，一本书就印刷成功了。

▲拓碑

把湿纸贴在碑上，当字迹清晰出现时上墨，这样拓出的黑底白字就是“拓本”。

那活字印刷术又是怎么发明出来的呢？那是因为雕版印刷太浪费了，一个字写错就要全部废掉，印完一本书，原来的版就没有用了。

◀把书刻在石碑上

东汉灵帝命人把《论语》等经典刻在了石碑上，引得人们纷纷前去抄写。

北宋时期，一位名为毕昇的平民反复试验，发明了胶泥活字，进行排版印刷，解决了这些问题，这就是“活字印刷术”。

◀ 大诗人白居易被“盗版”

诗人白居易的诗集就被人印出来用以贩卖或换酒，他的朋友元稹还特意提到这件事。

活字印刷就是先制作字模，然后按照稿件挑选字模，排列在字盘内，涂墨印刷，印完后将字模拆出，下一次可以反复使用。宋朝虽然出现了活字印刷术，但仍然以雕版印刷为主。

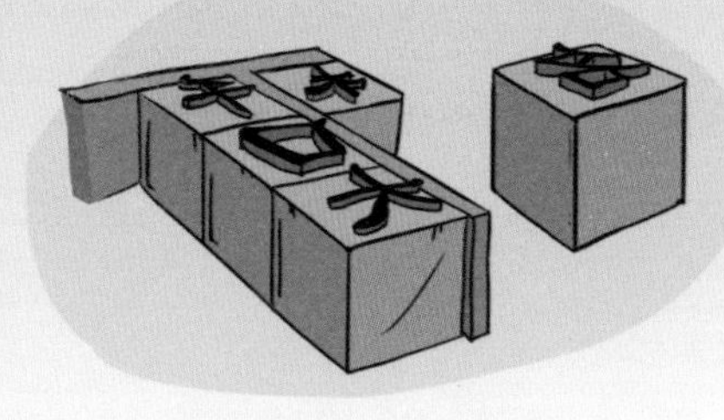

活字印刷是印刷史上一次伟大的技术革命。毕昇发明的胶泥活字比德国人约翰内斯·古腾堡的铅活字早四百年。

▲ 昂贵的宋版书

明朝有个叫毛晋的人曾重金求书：每一页宋版书我家出二百，如果别家出一千，我家就出一千二！

◎引经据典·小百科◎

北宋科学家沈括在《梦溪笔谈》中，详尽叙述了从雕版印刷到活字印刷的变革过程。南宋有个叫周必大的人按照沈括书中的记载，仿照毕昇的方法印刷了自己的书《玉堂杂记》，可惜印本失传了。

◀ 转轮排字架

元代人王祯为了提高木活字印刷的排字效率，发明了转轮排字架，分类排列活字模，一人读声，一人检字，提高了效率，也降低了劳动强度。

水运仪象台，是北宋建造的大型天文仪器系统，具有计时报时、天文观测和天象演示三项功能。它是中国古代天文仪器制造史上的巅峰，堪称世界上最早的天文钟，也是中国古代科技成就代表之一。

钟表是一种精密的计时装置。最早的机械钟通过弹簧或重锤所释放的能量，推动齿轮运转，通过“擒纵器”调节齿轮转速，从而指示和计量时间。很多人不知道，机械钟的灵魂“擒纵器”最早是中国发明的。

▲ 擒纵器

从字面上理解即是一擒、一纵、一收、一放，“擒纵”系统是机械钟表的灵魂，直接影响机械手表的走时精度。

中国北宋时期，由天文学家苏颂、韩公廉等人创制和建造了一座“水运仪象台”，已经运用了擒纵系统。这座水运仪象台建造于 11 世纪后半期，历时七年。整座仪器高约 12 米，台底 7 米见方，以扶梯上下，是一座上窄下宽、呈正方台形的木结构建筑。全台分为 3 层，最上层放置浑仪和圭表，用来观测天象；中层放置浑象，用以演示天象；最下层放置报时仪器和全台的动力机构等。

这座庞大机械的动力是什么呢？顾名思义，是“水力”。中国以水力作为动力的机械有很多，水运仪象台的“水力”并不是简单地借助水冲击水轮的力量，而是通过设计取得了很高的精度。动力系统核心是“枢轮和天柱”，水通过一级一级的齿轮传递，带动着浑仪、浑象和报时三重装置。

◀ 苏颂（1020—1101 年）

北宋中期宰相，杰出的天文学家、天文机械制造家、药物学家。

◎引经据典·小百科◎

水运仪象台虽然精妙绝伦，但生不逢时。金兵攻入北宋汴京后，掠走了水运仪象台，运至燕京。由于一路颠簸，多处损坏，最终难以使用。后因两地地理纬度不同，即便是使用也已不再精准；还曾遭雷击、跌落，最终在战火中毁亡。

最上层看上去是个露台，放着“浑仪”，为了遮蔽风雨还建造了木板屋顶，屋顶可开可闭，构思巧妙。

中层的设计类似于“密室”，没有窗户，放置着另一台天文仪器“浑象”。浑象的天球一半在“地平”下，一半露在地平上，靠着机轮带动旋转，每个昼夜转动一圈，真实再现了星辰的起落以及其他天象的变化规律。

水运仪象台广泛吸收了以前各家仪器的优点，在机械结构方面，采用了民间使用的水车、筒车、桔槔、凸轮和天平称杆等机械原理，把观测、演示和报时设备组成了一个有机整体，堪称中国古代结构最复杂、功能最齐全、自动化程度最高的天文仪器。

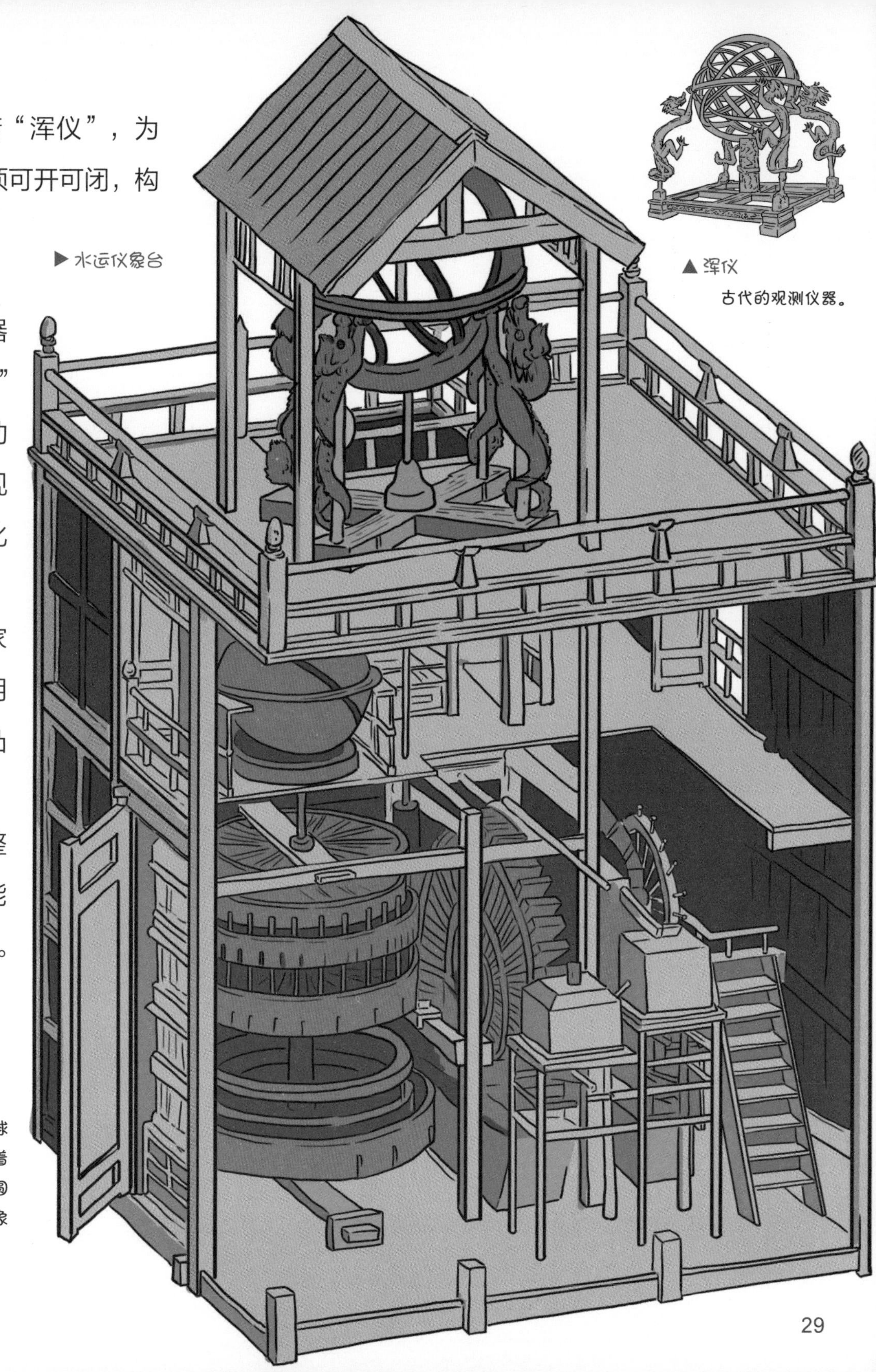

▶ 水运仪象台

▲ 浑仪

古代的观测仪器。

◀ 浑象

类似“天球仪”，是一种刻着赤道、星宿等的圆球，用于演示天象变化。

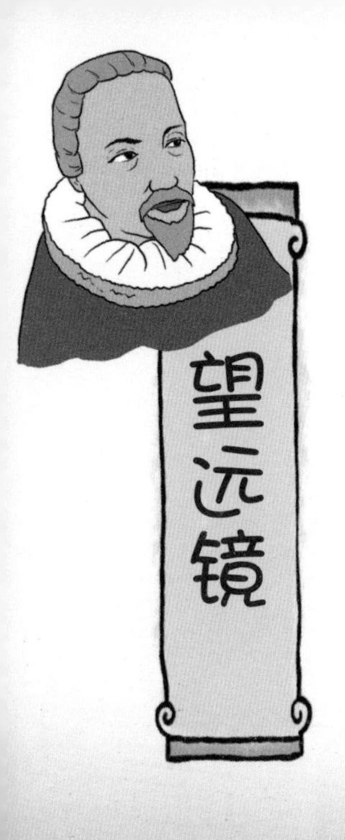

望远镜

望远镜，是一种用于观察远距离物体的仪器，它能够把远处的物体放大，使之变得清晰可见，便于观察。望远镜让人们看得更远，在天文、地理以及军事、生活领域都有着广泛应用，是一项很重要的发明。

▲望远镜

望远镜是个神奇的发明，明明离得很远的景物，使用望远镜后，就会一下子到了眼前。它是怎么发明出来的呢？我们常见的望远镜其实是一个荷兰的眼镜师汉斯·利伯希在1608年发明和创造的。有一次，两个小孩在他的店里玩耍，他们拿着几片镜片，叠放在一起看远处教堂，又惊又叫，玩得很开心。利伯希有点好奇，拿起几片镜片也试了试，当他把镜片对准远处时，他惊奇地发现远处的物体变大了。

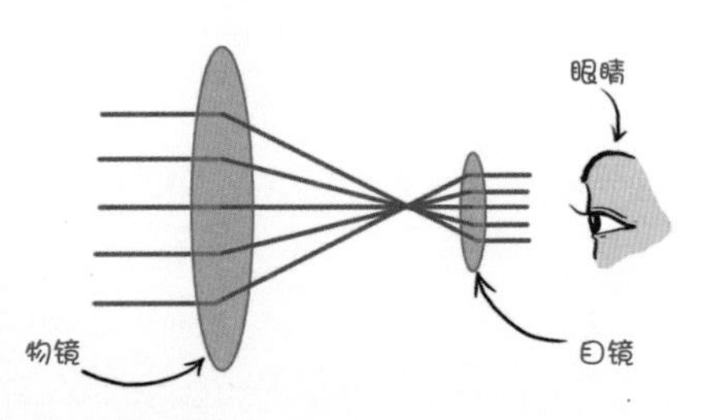

▲望远镜的工作原理

来自远处目标的光线经过物镜时被弯曲，聚焦形成放大的图像。

附近的邻居们听说后，也赶过来凑热闹。利伯希意识到其中的商机，便反复试验，将两个曲面透镜装在长筒里，制造了第一架望远镜，并申请了专利。

这项发明传出后，意大利科学家伽利略·伽利雷认为望远镜在天文上将有更大的价值，他改进了这项发明，将镜片装在固定架子上的铜筒上。第一台天文望远镜就这样问世了，它具有32倍的放大系数。

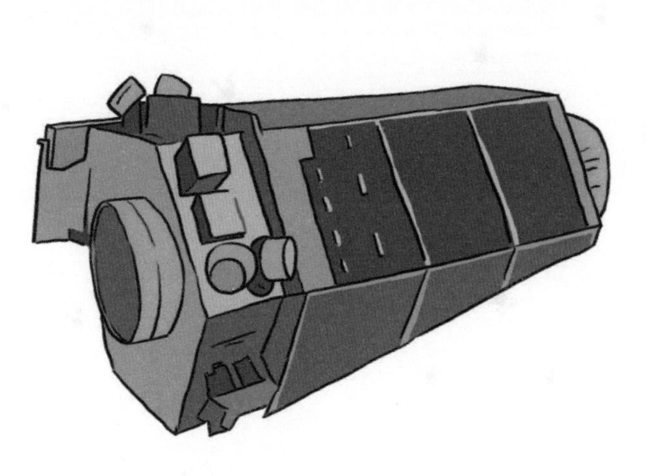

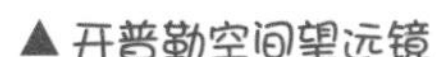
▲ 开普勒空间望远镜

望远镜能看到银河，还能看得更远吗？德国天文学家开普勒给出了答案。开普勒制造出了新的望远镜，这台同样用于天文观察的望远镜帮助开普勒发现了行星运动的三大定律。美国宇航局将专门用于发现探测太阳系外类地行星的飞行器——“开普勒空间望远镜”送上太空。

▲ 伽利略的发现

伽利略用望远镜发现了木星的四颗卫星，确认了银河是由无数恒星组成的。

天文望远镜激起了人们对宇宙的热情，也鼓励着人们继续对望远镜进行各种改造和创新。英国科学家牛顿发明了不同于传统望远镜的“反射式望远镜”，解决了原有折射式望远镜的色差问题。威廉·赫歇尔开创大口径反射式望远镜的先河，后来人们甚至制造了口径达 6 米的反射式望远镜。1962 年，“哈勃太空望远镜”被送上太空，“千里眼”的梦想已经实现！

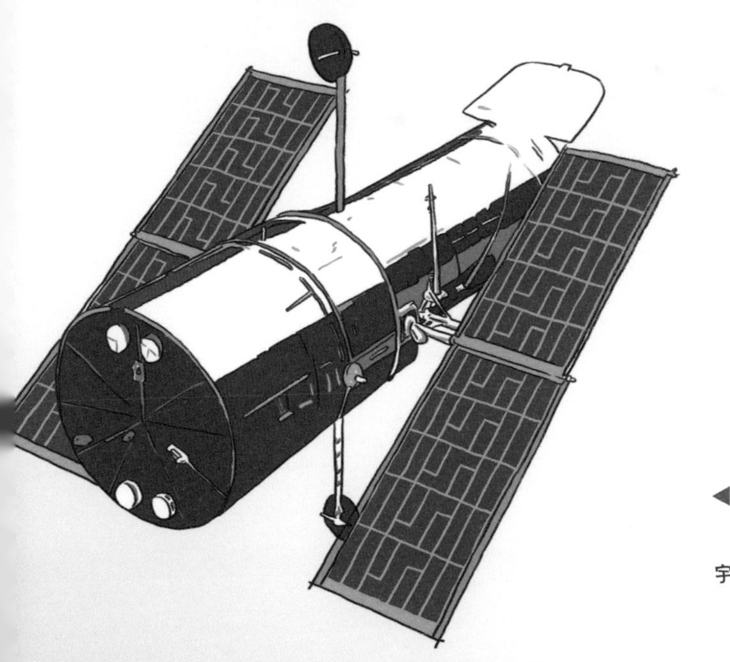
◀ 哈勃太空望远镜

天文史上最重要的仪器之一，主镜面宽 2.4 米，在地球轨道运行，经历了五次宇航员的太空维修，提供了很多太空数据。

摆钟

摆钟，是一种计量时间的机械工具。虽然现在很少能看到摆钟的踪迹，但在它发明之后三百年里，摆钟一直是世界上最准确的时钟。

“嘀嗒，嘀嗒……”人们印象中的时间就是这样一秒一秒走过。从古到今，人们都希望找到准确度量时间的方法，也做过很多尝试。比如中国古代的日晷，通过太阳和影子的关系来确定时间；古埃及和巴比伦曾用均匀下落的水滴来计时。这些方法都存在一定的局限性，因为日晷在阴天就失去用处，水滴会结冰，因此人们又发明了沙漏等计时仪器。

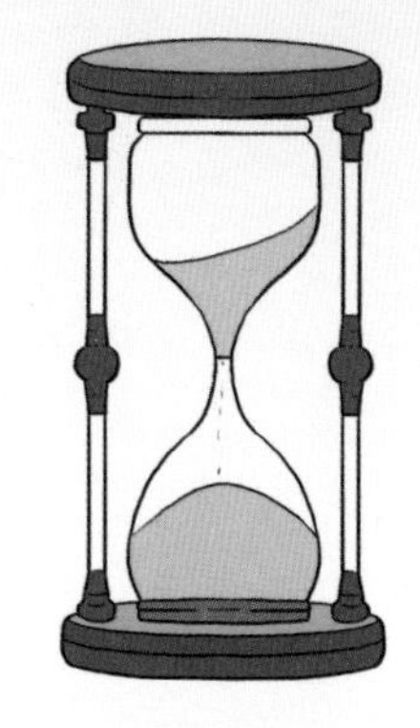

▲沙漏计时

16 世纪，意大利发明家伽利略 · 伽利雷看到了教堂中央的大吊灯，风经常把吊灯吹得左右摆动，这引起了他的思考。他发现，不管摆动幅度大小，吊灯每次摆动所用的时间是一样长的。就这样，伽利略发现的“等时性定理”成为机械摆钟的理论依据。

▲伽利略的发现

根据这个发现，荷兰数学家克里斯琴 · 惠更斯在 1656 年制造了世界上第一个精确走动的摆钟，成为后来所有摆钟的样本。这台摆钟计时准确，非常可靠，惠更斯还在时针和分针的基础上安装了秒针。

◀日晷
利用日影位置来判断时间。

◎引经据典 · 小百科◎

英国航海家库克船长曾经三度出海前往太平洋地区，在数千公里的航程途中深入不少地球上未为西方所知的地带。1772 年，他从热带前往南极，航行中所依靠的正是木匠哈里森制作的“航海钟”。

摆钟是如何工作的呢？在摆钟内部，钟摆的摆动由“擒纵装置”来控制，擒纵装置利用一个重物下落的能量来转动表盘上的指针，同时把一部分能量传递给钟摆，使之保持摆动。只要钟摆的长度不变，则每次摆动所用的时间总是一样的，摆钟就是这样给我们提供了准确的时间计量。不过，摆钟在陆地上很准确，到了海上由于海浪带来的晃动却无法使用。1762 年，英国木匠约翰·哈里森制作了“航海钟”解决了这一问题。

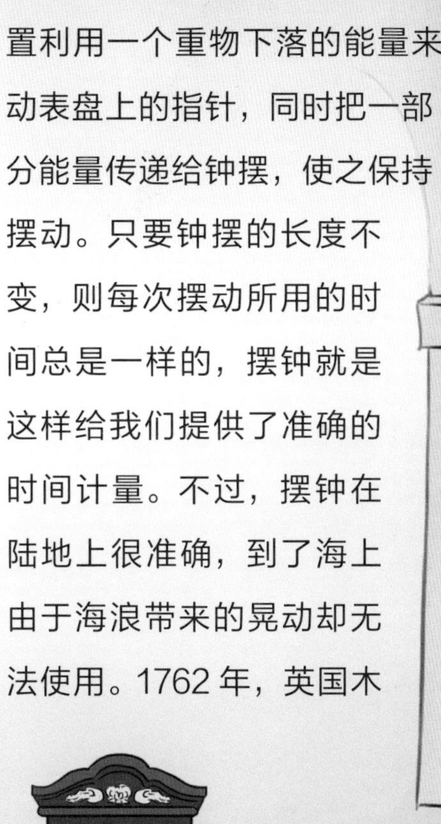

▼ 伽利略的发现

在人们对掌握时间的不断渴求中，计量时间的工具不断改进。人们发明了电子钟、原子钟，不仅为生活，还为科学研究提供了可靠的工具。

▲ 机械摆钟

◀ 电子钟

电子钟的原理是利用电子电路的稳定振动。

显微镜

显微镜是用于放大微小物体、使之成为人的肉眼可见的光学仪器。在显微镜发明前，人类对世界的认识局限在肉眼，显微镜的出现，带给人们全新的世界观，是人类进入原子时代的标志。

你见过或使用过显微镜吗？从外形上看，显微镜只是把几组镜片装在了管子里。最早的显微镜就只是具有这样简单的结构，是由荷兰一对父子在1590年首创的。后来，安东尼·范·列文虎克制成了新的显微镜，这一次，它的放大系数是270倍！

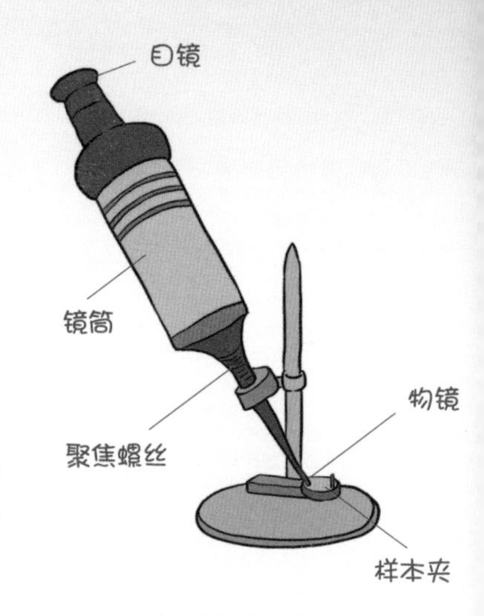

▲ 显微镜的基本构造

列文虎克是怎么发明显微镜的呢？列文虎克原本只是一个眼镜店的小学徒，他发现头发在两块镜片下变得像铁丝一样粗，于是下决心打造更好

◀ 列文虎克制造显微镜

列文虎克首次发现微生物，最早记录肌纤维、微血管中的血流。

的镜片。镜片打造好后，他看到鸡毛上的绒毛像树枝一样排列，随着镜片距离的变化，观察的效果也在变。该怎样把镜片固定住呢？他来到铁匠铺，打造了一个铁架和一个铁筒，把镜片固定在铁筒两头，再把铁筒固定在铁架上。就这样，列文虎克的显微镜制造出来了。

列文虎克对显微镜下的世界十分好奇。晶体、矿物、植物、动物、微生物、污水、昆虫等都成为他的观察目标。他看到了无数的微生物，发现了一个宏大的微观王国。他把自己的发现和观察记录寄给了英国皇家学会。1665 年，他出版了《显微图谱》，引入了“细胞”这个概念。

▲女王的青睐

为了看一眼没见过的“小动物”，英国女王和俄国彼得大帝都曾来访问过这个没有学历的小学徒。

发明显微镜后，人们燃起了对微观世界的兴趣，同时也希望发明更强大的显微镜。1931 年，德国物理学家恩斯特·卢斯卡研制了电子显微镜，用一束电子代替光线照射物体，使得放大倍数达到 50 万倍，科学家得以能观察到像百万分之一毫米那样小的物体。

显微镜的发明，让我们对世界的看法有了根本改变，它是一项堪称改变历史的发明。

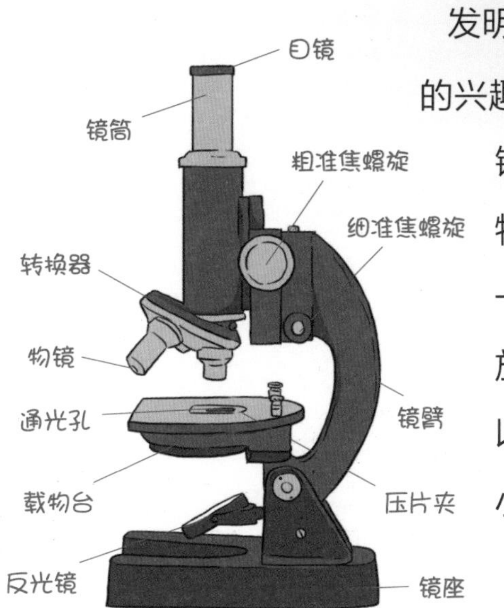

▲现代显微镜结构图

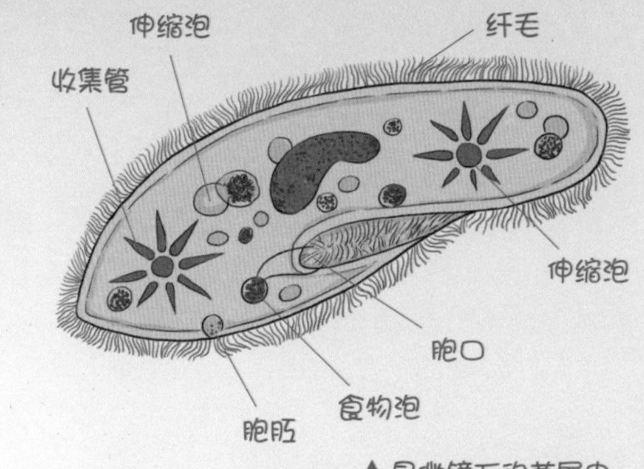

▲显微镜下的草履虫

◎引经据典·小百科◎

显微镜的发明，让科学家们有了更多的突破和成果。意大利天文学家第一次描述了苍蝇眼睛的结构，德国神父用显微镜看到了小蠕虫，其实是“白细胞和红细胞”，法国化学家率先把显微镜用于医学。

蒸汽机

蒸汽机是将热能转化为机械能的机械，英国发明家詹姆斯·瓦特改良的蒸汽机开启了 18 世纪的工业革命。蒸汽机在交通运输业中的应用，使人类迈入了“火车时代”，迅速地扩大了人类的活动范围。

水开了，壶盖被蒸汽顶得“噗噗噗”地跳动。原来蒸汽具有这么大的力量！几百年前，一个英国的小男孩正是受此启发，才一直痴迷于蒸汽机的设计。这个小男孩就是詹姆斯·瓦特。18 世纪 70 年代，苏格兰发明家詹姆斯·瓦特改进了蒸汽机，大大提高了蒸汽机的效率，使得蒸汽机在工业上得到广泛的应用。

▲受到启发的瓦特

▼蒸汽机是怎样工作的

① 水加热后产生的蒸汽通过导管到达引擎的圆筒中。
② 蒸汽推动汽缸里的活塞上下运动，带动上方连杆。
③ 连杆上下运动，推动横梁的一端。
④ 横梁的另一端带动第二根连杆，推动齿轮。
⑤ “重飞轮”起到防止蒸汽机顶部或底部被卡住的作用。
⑥ 齿轮将上下运动转换为旋转运动，机器得到了动力。

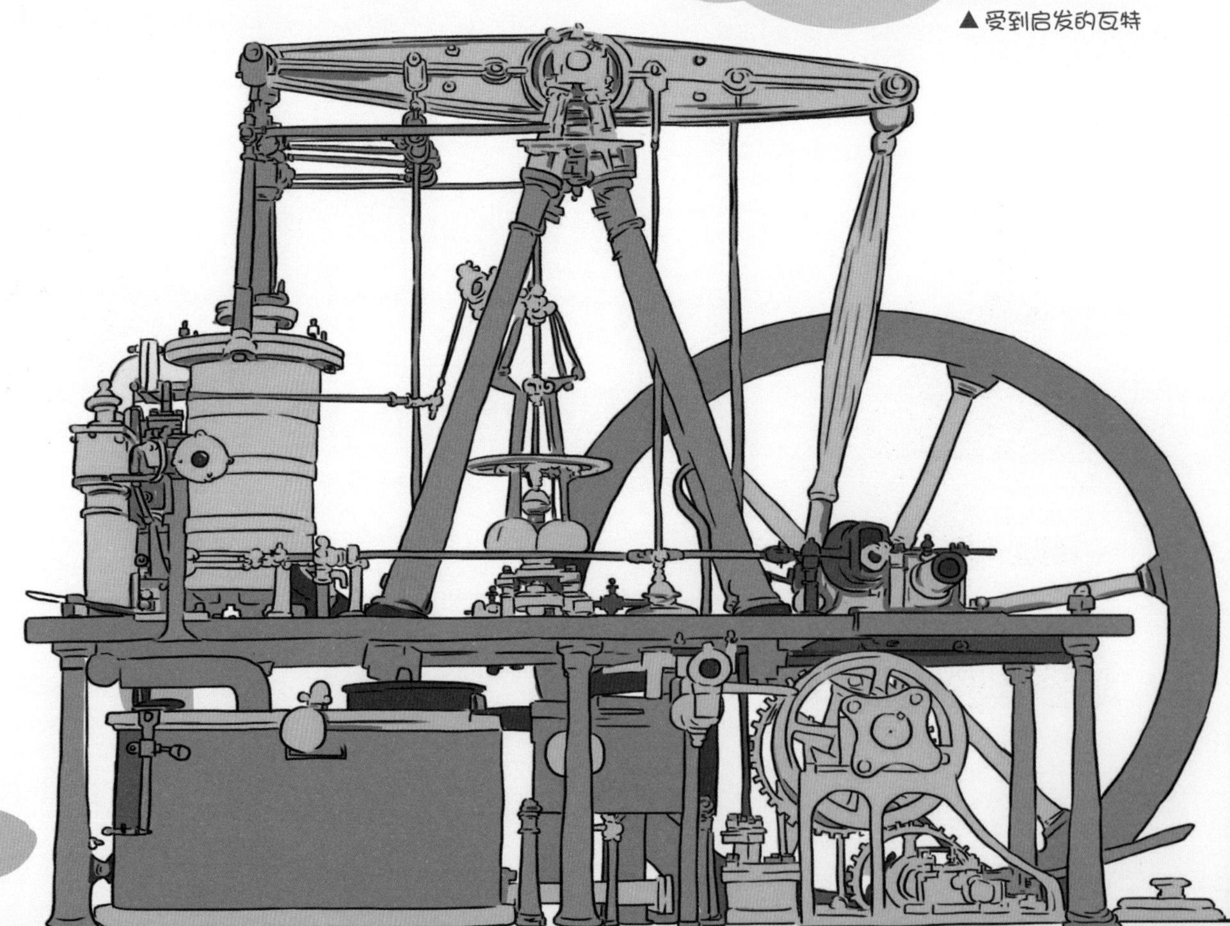

瓦特所设计的蒸汽机是如何运转的呢？如何将蒸汽转化为机械的动力呢？首先需要一个使水沸腾产生高压的大锅炉，这个锅炉需要用木头、煤、石油或天然气做燃料。大量的水蒸气膨胀推动活塞从而进行能量的转换。

▲理查德·特里维希克的发明

这台机车一共带了10吨铁、5节车厢、70个人，可以说是人类有史以来第一列真正的载客火车，也是伦敦第一辆无马牵引的载客车。

蒸汽机是怎样改变世界的呢？首先，蒸汽机车比马车的运输能力要强得多，它使人和货物的流通速度变得更快，给运输行业带来了翻天覆地的变化。1808年，理查德·特里维希克在仔细研究瓦特蒸汽机的基础上，设计制造了世界上第一台实用性轮轨蒸汽机车。他的这一发明，被称作世界交通运输史上具有开创性意义的发明创造。

▲“火箭”号机车

1829年，罗伯特·斯蒂芬森设计了“火箭号”机车，速度达到48千米/小时，被载入史册。

在蒸汽机发明后不久，人们在各式船上也安装了蒸汽机。船身的两侧各装着一个巨大的轮子，蒸汽机转动轮子之后，轮子上的辐板便会不断地向后拨水，而水的反作用会不断地推动轮船向前行进。

作为引起18世纪工业革命的蒸汽机，它的最大优点是几乎可以利用所有的燃料将热能转化为机械能。可是缺点也很明显：整个装置很笨重，离不开锅炉，热效率难以提高，转速受限，功率受限无法提高，20世纪后逐渐被内燃机等取代。

◎引经据典·小百科◎

瓦特发明的新式蒸汽机结构在之后的50年之内几乎没有什么改变。在瓦特的讣告中，人们对他发明的蒸汽机有这样的赞颂：“它武装了人类，使虚弱无力的双手变得力大无穷，健全了人类的大脑以处理一切难题。它为机械动力在未来创造奇迹打下了坚实的基础，将有助并报偿后代的劳动。”

▶世界上第一艘蒸汽机轮船

1807年，美国人富尔顿制造的“克莱蒙特”号在美国哈德逊河上试航。

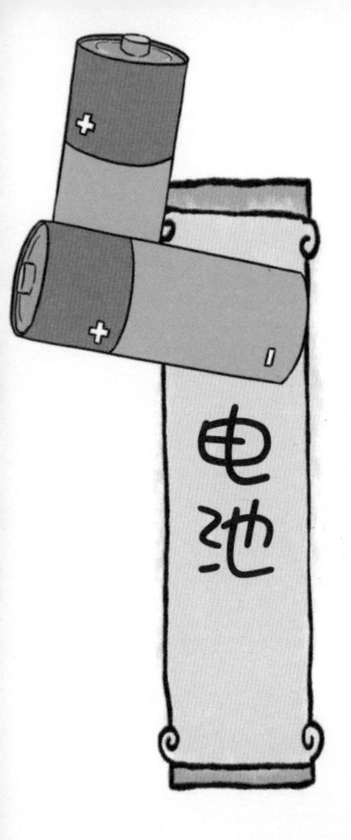

电池

电池是一种能产生电能的小型装置。作为能量来源，电池有稳定的电压和电流，便于携带，受外界影响很小。电池刚发明的时候，它是唯一能产生电流的来源。

当看到天空中出现的闪电，有人想到：能不能把电储存起来，当需要的时候再使用呢？1752 年，美国科学家本杰明·富兰克林让人们认识到闪电是电的一种形式，另一位古希腊科学家泰勒斯通过摩擦得到了静电荷。人们知道“电”的存在，但如何才能让电荷流动起来从而产生电流呢？

▲青蛙腿的电流实验

有一个著名的“青蛙试验”给了科学家启示。有人发现当用两种不同的金属去碰触死去的青蛙的腿时，青蛙腿上的肌肉会抽搐。一部分人认为这是“动物电”在起作用，另一部分人认为这里的电不是青蛙本身产生的，而是由不同金属产生的。

▼富兰克林的“风筝”实验

▲伏打电堆实验

意大利物理学家伏特经过试验，发现浸在酸液中的两种金属之间能够产生比较微弱的电流。他把一块金属锌片放在一块金属铜片上，再用一块浸透盐水的纸板压住，然后再放锌片、铜片、纸板……如此重复，形成一个柱体，就产生了较强的电流。1800 年，世界上第一只电池“伏特电池”问世了。

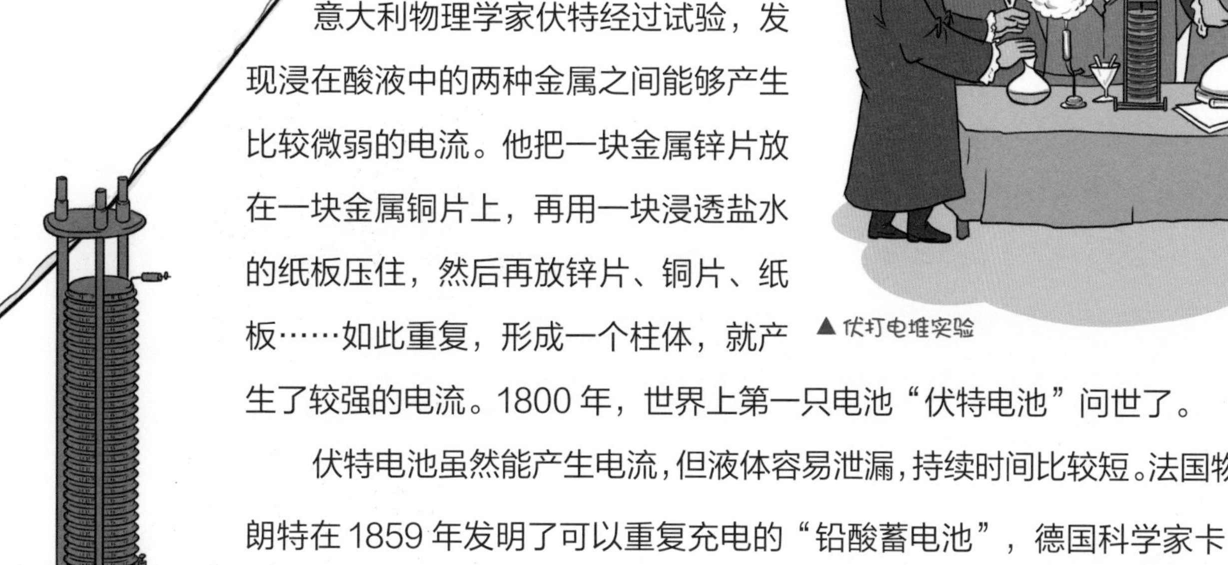

▲伏特电池原型

伏特电池的电流来自一种金属的电子向另一种金属的流动。这是第一个可以持续产生电能的装置。

伏特电池虽然能产生电流，但液体容易泄漏，持续时间比较短。法国物理学家加斯顿·普朗特在 1859 年发明了可以重复充电的“铅酸蓄电池”，德国科学家卡尔·加斯纳在 1886 年发明了“干电池”，也就是用糊状电解液代替酸液。干电池是一次性电池，后来发展成为手电筒以及许多设备中的便携电池。随着科学技术的发展，干电池已经发展成为有一百多个成员的大家族，如普通锌－锰干电池、碱性锌－锰干电池、镁－锰干电池、锂－锰电池等。

▲手电筒

1899 年手电筒被发明出来，使用的是干电池。

▶伏特与“伏特”

伏特的试验证明了“电压”的存在，电压的单位“伏特”就是根据他的名字命名的。

◎引经据典·小百科◎

1800 年 11 月，法国皇帝拿破仑一世对“电堆实验”非常感兴趣，特意在巴黎召见伏特，当面观看。看完后，拿破仑激动地授予伏特伯爵头衔，并给伏特颁发 6000 法郎的奖金，还立刻下令召集法国学者大规模进行相关实验。

自行车

自行车，又叫脚踏车、人力车和两轮车。它从设计之初一直流行到现在，越来越多的人使用它代步、锻炼、出游，它的保有量在世界上达到了极其惊人的数字，是全世界人们使用最多，最简单、最实用的交通工具。

在以“车”命名的交通工具中，自行车看上去构造十分简单。它由车架、车胎、脚踏、刹车、链条等基本部件构成，缺一不可。不过，最早的自行车是没有脚踏板的。1818 年，法国人发明了世界上第一辆自行车。这辆自行车由木头和铁轮子组成，有刹车装置，但没有脚踏板。骑车人坐在上面靠双脚用力蹬地前行，转向时需要下车搬动车子。

▲ 共享单车

喜爱脚踏车的人开始把方向对准“转向”。1817 年，德国人发明了可以改变方向的自行车。这辆车使用的还是木制两轮，仍然只能用脚蹬地才能前进。它的出现引起了更多人的兴趣。

▲ 可转向自行车

▲ 最早的脚踏车

到了 1839 年，英国人发明了蹬踏式脚蹬驱动自行车，不过骑行的人需要爬到高高的轮子上，这种车两个轮子尺寸差异很大，可想而知，如果地面不那么平坦，骑车的人就很有可能摔个跟头！不过，在自行车出现的早期，人们都普遍认为，轮子越大，速度越快，所以出现过很多奇奇怪怪的款式。

1864 年前后，第一辆由脚踏板驱动的自行车由法国人皮埃尔 · 拉勒芒发明。笨重的车架和车轮，坑坑洼洼的路面，都让骑车的人受尽苦头。19 世纪 80 年代，“安全自行车”出现了，它由后轮链条驱动，两个轮子是一样大小的。现今，看似构造简单的自行车具有三大系统：

◀高轮自行车 前轮驱动，直径有 1.5 米。

1. 导向系统：由车把、前轮、前轴等组成。骑车人通过车把可以改变行驶方向。

2. 驱动系统：由脚蹬、曲柄、链条、后轮等组成。人通过脚蹬传动力量，使自行车可以不断前进。

3. 制动系统：以车闸为核心，骑车人通过操纵车闸，达到减速和停下的目的，保证行车安全。

除此之外，自行车还安装有车灯、支架和车铃等部件，这都使小小的自行车充满了实用性，并且永不过时。

随着自行车的诞生也兴起了自行车运动。1868 年在法国举行了世界上首次自行车比赛，赛程为 2 千米。1896 年第 1 届奥运会上，自行车项目就被列入正式比赛项目。环法自行车赛是世界影响最广、规模最大、比赛水平最高的自行车比赛。该比赛为多日赛，即进行多天的比赛，完整赛程每年不一，但大都环绕法国一周。平均赛程超过 3500 千米。

我们几乎无时无刻不在使用电器。没有哪一种能源像电能一样渗入我们生活的方方面面。电动机，是一种把电能转换为机械能的设备。电动机的发明，使人类的生产和生活得以实现自动化，减轻了人们的负担。在当今世界主要工业部门中，电动机得到了广泛应用。

没有电，空调无法运转，电脑无法运行，甚至开不了门，做不了饭。电来自天空，来自电池，也来自电动机。电动机的出现，让人们发现原来利用电可以帮助我们做这么多事。

19 世纪 20 年代，丹麦物理学家奥斯特发现电流会产生磁场，开启了物理学史上的新纪元。英国科学家迈

▲奥斯特发现了“电生磁”

一根导线通电，会在这根金属线周围产生圆形磁场，电流越大，磁场越强。

▲磁场的方向

四个手指的方向是磁场的方向，拇指的方向是电流的方向。

◀法拉第的电磁感应实验

法拉第制作了第一台电动机，它可以利用电持续运动。法拉第还发现了“磁生电”，这正是发电机的制造原理。

克尔·法拉第从中受到启发，认为假如磁铁固定，线圈就可能会运动。根据这种推测，他发明了第一台电动机。为了加强这种效应，后来的电动机都使用了“电磁铁”（绕在铁芯上的多层线圈）。德国工程师利用电磁铁改进的电动机成功驱动了一艘游艇，洗衣机在电动机出现后也变得小巧和方便起来。

1887 年，天才科学家尼古拉·特斯拉发明了感应电动机。这种电动机依靠交流电驱动大型机器，而不是电池提供的直流电，从而让电动机的应用有了更多可能。

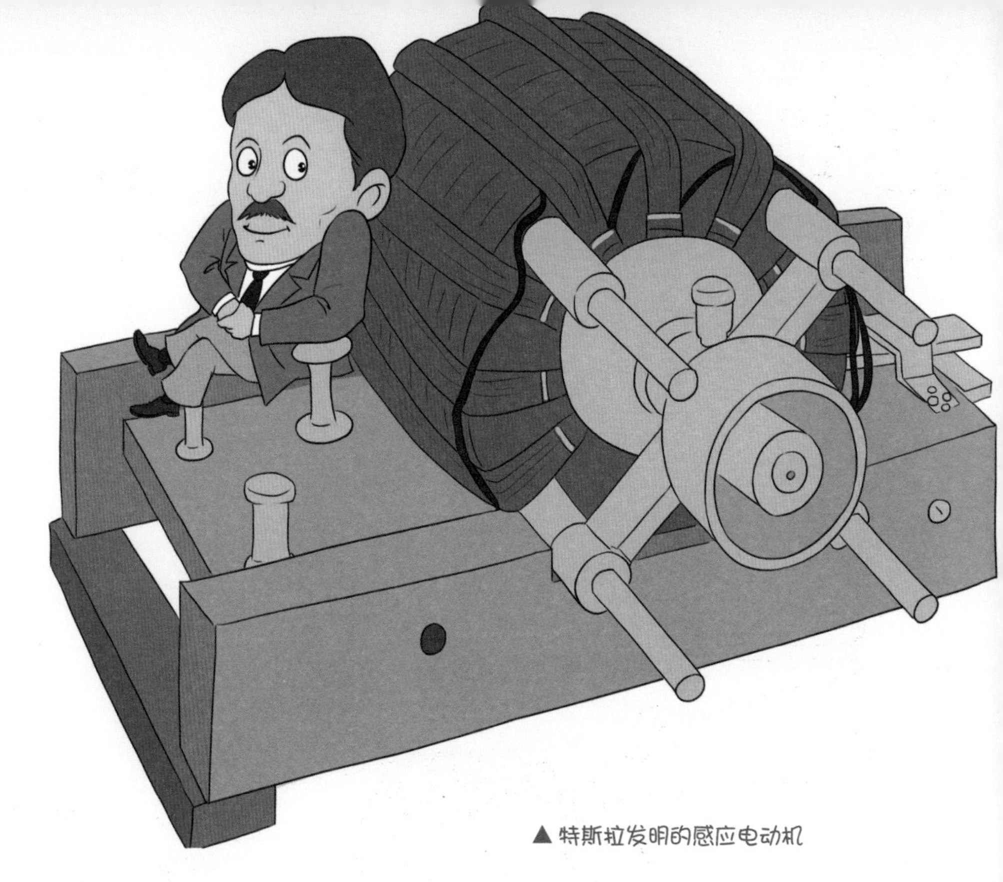

▲ 特斯拉发明的感应电动机

电动机的出现取代了笨重的蒸汽机，引发了“电气革命”，使人们的生活发生了巨大的变化。直到现在，每天开关电器时，我们依然在享用着“电动机”带来的便利。

◀ 尼古拉·特斯拉

尼古拉·特斯拉发明了“特斯拉线圈”和“交流电”。为了告诉人们交流电是安全和可控的，特斯拉经常在发电机旁看书。

◎引经据典·小百科◎

特斯拉汽车公司正是为纪念电气工程师和物理学家尼古拉·特斯拉而命名的。特斯拉认为交流电最适合传送电能，而爱迪生则提倡采用直流电，双方观点不同从而有了“直流电和交流电之战”，最终特斯拉获胜。特斯拉一生有很多发明，包括交流电、无线电、X 光摄影、真空管、传真机等，但他的命运坎坷，长年经济拮据。

电冰箱

电冰箱的作用是能够让物品保持低温防止腐败。能够冷藏食物，人们就不需要每天都去购物。从这个方面说，电冰箱的出现改变了人们的生活。

人们如何保存食物呢？在古代，人们会把食物放进地窖或者山洞这类黑暗、阴凉的处所，或者从湖里挖来冰，把食物和冰块放在一起。后来，有的人开始建造冰库，有的人在需要的时候购买冰块，再放到特制的容器中使用。

▲古代冰箱

中国《周礼》中记载的古代冰箱，称为冰鉴。

▶古代用冰

冬天挖冰，储存在地窖中等待夏天使用。

冰箱是如何发明的呢？有位医生发现，乙醚蒸发时会吸收大量的热量，从而产生零度以下的低温。根据他的发现，美国工程师雅克比·帕金斯制造了第一台制冷机。20 世纪 30 年代，人们在卡车上安装了制冷机，方便食物的运输。不久，民用冰箱生产出来，人们开始广泛使用冰箱。

冰箱是如何工作的呢？

这就要提到冰箱最重要的一个部分“制冷剂”。冰箱的制冷系统就是把制冷剂从液体转化为气体，然后又变为液体的循环。

最早的冰箱是“高风险”的——因为制冷剂是有毒气体，所以导致许多事故的发生。1929 年，人们改用“氟利昂”作为制冷剂，这种物质对人体无害但会破坏大气层的臭氧层。现代冰箱使用的是危害更小的制冷剂，安全性大大提高，对环境影响也小多了。

为了方便人们使用，冰箱在外形上有了很多改变，如单门冰箱、双门冰箱、三门以及四门冰箱，从放置方式上可以分为立式冰箱、卧式冰箱以及台式冰箱。电冰箱的结构和原理并不复杂，却给我们的生活提供了极大的便利，影响了我们的生活方式。

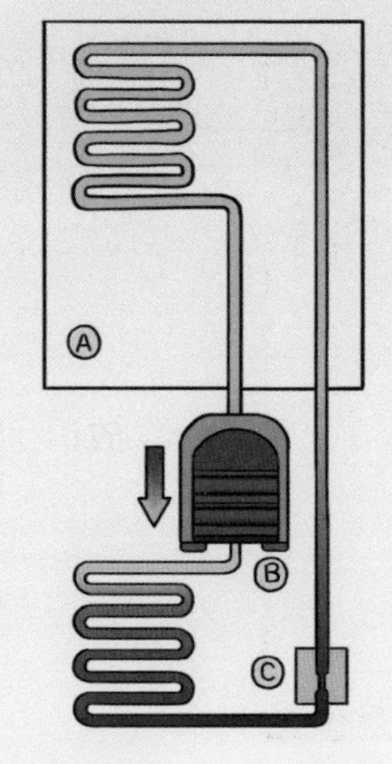

▲ 冰箱的工作原理

压缩机使制冷剂在蒸发器中气化，吸收箱体内的热量；又在冷凝器中液化，放出热量到箱体外；不断循环。

▶ 速冻食品

1929 年，美国人克拉伦斯·伯赛发明了速冻食物，对冰箱和冰柜的推广起到了促进作用。

◎引经据典·小百科◎

冰箱除了用来储存食物，还有一些其他妙用。例如，香烟和茶叶密封好放在冷藏室内，可长久不失香味；咖啡放在冷藏室中就不易结块。化妆品、中西药也可放在冷藏室保存，可延长保质期。衣物上若沾上口香糖，可将衣物放入冰箱内冷冻，胶体冻结后则就很容易去除了。你还知道冰箱的哪些妙用呢？

电报

电报是用来远距离传递消息的通信方式。19 世纪 30 年代，电报以专用线路用编码代替文字和数字发送消息，大大加快了信息的流通，满足了工业社会初期的需求。现在，随着电话、网络的普及，电报已经很少被使用了。

最古老的通信方式是什么？也许你以为是写信。实际上，古代人们更早是通过修建烽火台用火光来传递消息的。在非洲古代，击鼓传信是最方便的方法。鼓声可以传出三四千米的距离，消息能够在很短的时间就传到

▲莫尔斯测试电报

萨缪尔·芬利·布里斯·莫尔斯，摩尔斯电码的发明者。

另一个部落。不管哪种方式，传递消息总是需要中转站层层传递，才能到达目的地。

这种情况直到“电”成为信息载体才得以改变。有趣的是，电报机首先被发明出来，但如何把电报和人类语言连接起来还是个难题。美国一位画家对电报着了迷。当他看到电磁学演示后，忽然有了灵感。

▲电报机

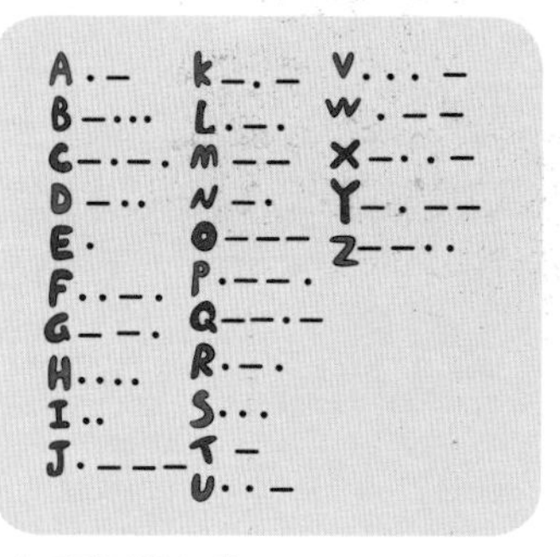

▲摩尔斯电码

电码由点（·）、线（-）两种符号组成。

“电流只要停止片刻，就会现出火花。有火花出现可以看成一种符号，没有火花出现是另一种符号，没有火花的时间长度又是一种符号。这三种符号组合起来可代表字母和数字，就可以通过导线来传递文字了。”这就是“摩尔斯电码”，是电信史上最早的编码，是电报发明史上的重大突破。

为了试验发报机的性能，莫尔斯请求国会在华盛顿与巴尔的摩两个城市之间建立一条约 64 千米的线路。通过这条线路，他从华盛顿国会大厦发出了人类历史上第一份电报：“上帝创造了何等奇迹！”随着嘀嘀嗒嗒的声音响起，电报很快风靡全球，得到了广泛应用。莫尔斯不是电报原理的创立者，也不是电报机的发明者，却是第一个让电报用于实践的人。

随着通信科技的发展，电报已不再是主要的通信方法。当电脑、电子邮件以及手提电话的短信日渐普及以后，电报更进一步被取代。如今一般人已不会使用电报通信。

▼电报被迅速应用于军队通信

◀烽火台

烽火台狼烟一起，表示有情况发生。

照相机

照相机简称相机，是用来记录影像的光学设备。照相机不仅能帮助我们留住日常生活中的美好瞬间，在医学成像、天文观测、军事领域也得到了广泛应用，为人们的科学研究提供了支持，也改变了人们的生活。

随着“咔嚓”一声，一张真实的照片就能够让我们拿在手上仔细欣赏，数码相机的出现甚至让照片不再需要打印就可在观景器中随时查看，照相变成一件再容易不过的事。不过，你知道它的科学原理吗？

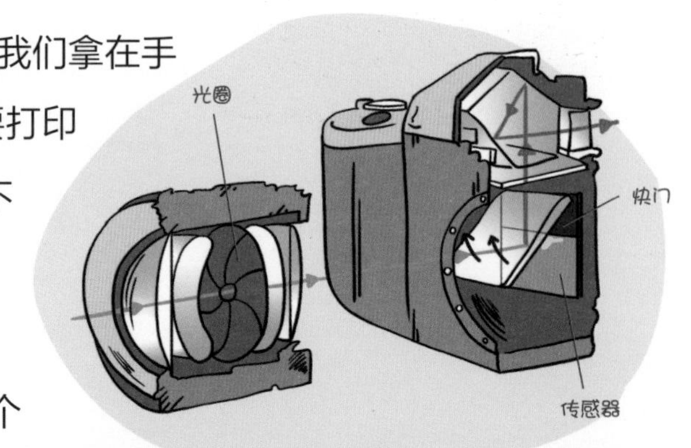

▲照相机的三个主要构件：光圈、快门、传感器

照相机的光学原理是“小孔成像”。在一个明亮的物体与屏幕之间放一块挡板，挡板上开一个小孔，屏幕上就会出现物体的一个倒立的实像，这种现象被称为“小孔成像”。公元前400年前，墨子的《墨经》中就有小孔成像的记载。

像距 物距

▲小孔成像

照相机是如何被发明的呢？13世纪，欧洲出现了利用“小孔成像”制成的“暗箱”，人们可以通过暗箱去欣赏映像。后来，人们把双凸透镜放在了针孔的位置，得到了更清晰明亮的映像。经过不断改进，法国人尼埃普斯·尼普斯拍出了世界上第一张照片，不过成像不清晰，褪色也很快。另一位

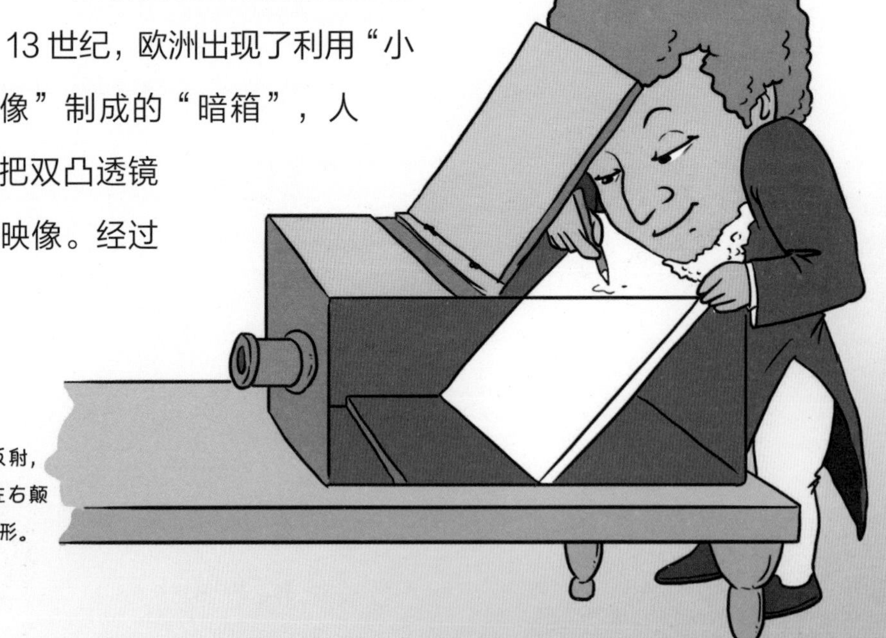
▶画家的暗箱

光线进入，经过镜子反射，在上面的磨砂玻璃上呈现左右颠倒的实像。画家据此描出图形。

法国人达盖尔将成像的材质改成了镀银铜板，取得了获取永久图像的方法“银版摄影法”，同时世界上第一台真正的照相机出现了。

◎引经据典·小百科◎

照相机刚刚诞生的时候，相片质量不够清晰，比不上肖像画水准。1839 年，当法国达盖尔制成了第一台银版照相机，宣告肖像画的时代结束了。虽然写实的肖像流派就此没落，但也因此催生了更多艺术流派，印象派、野兽派，在有相机的时代走得越来越远。

▲第一台银版照相机

把第一个木箱插入另一个木箱中调焦，用镜头盖作为快门，控制长达 30 分钟的曝光时间。

人们都想有自己的“相片”，但照相是一件很费时间的事。1888 年，柯达公司推出了第一台胶卷照相机，大受欢迎，这让照相变得简单起来。照相机的出现，带给人们许多欢乐，丰富了人们的生活。

▲胶卷与胶卷相机

▼早期拍照时需要保持 60 ～ 90 秒的绝对安静

▲现代数码相机

即时可见，容易操作，可以大量储存，无须冲洗。

电梯

电梯，是一种服务于建筑楼层的固定运输设备。电梯的出现，改变了城市的面貌。它使得城市向上发展，而不是占用宝贵的土地，横向发展。

在“电力”出现以前，人们很早就开始制造“升降机”来进行货物运输了。公元前3世纪，古希腊科学家阿基米德所设计的“阿基米德螺钉”能够把水从一个高度提升到另一个高度。古埃及人建造金字塔时也使用了原始的升降系统。早期的升降工具大多以人力或畜力为动力，用绳子提升或从台阶上扛上去。

▲阿基米德螺钉

从早期的升降原理看，绳子断开会带来很大的危险。因此，升降机最早只能用来运货。电梯是如

▼早期的“升降机”

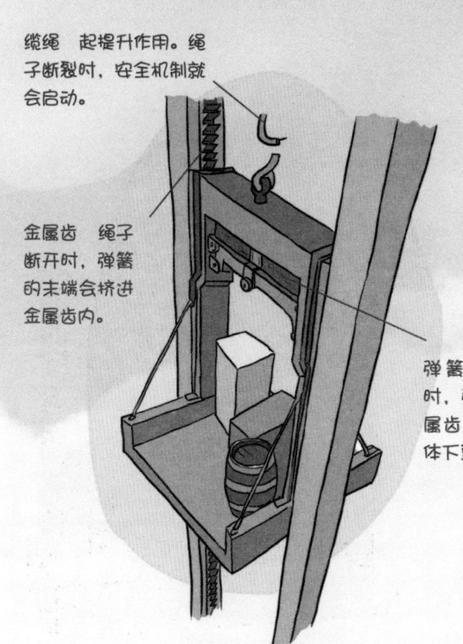

何变得安全起来呢？1853 年，美国发明家伊莱沙·格雷夫斯·奥的斯在纽约世界博览会上展示了自己的发明。他站在装满货物的升降梯平台上，让人将自己升到高处，在众目睽睽下令人砍断升降梯的提拉缆绳。众人惊呼后发现，升降梯没有坠毁，而是稳稳停在半空中。这就是人类历史上第一部安全升降梯。

▶ 电梯试验

伊莱沙·格雷夫斯·奥的斯，美国人，电梯的发明者。

奥的斯的电梯为什么变得安全起来呢？原来，他在提升平台的顶上安装了两个弹簧，它们随着提升货物的缆绳同时被拉紧，一旦绳子断裂，弹簧就会卡在两侧的金属齿里。这种设计为电梯增加了安全机制。

奥的斯的发明改变了“升降机”的历史，全世界开始广泛安装升降机。19 世纪 80 年代，美国奥的斯公司制造了以直流电动机为动力的电梯，成为名副其实的“电梯”。1892 年，电梯改用按钮操纵，成为现代电梯结构设计的先导。

高层建筑是现代城市的标志，承担人流和物流运输重任的电梯，在人类生活中肩负着至关重要的作用。

电话

电话的发明改变了人们的生活。它把声音转化为电信号，再把电信号转化为声音，使不在同一地点的人们能够随时相互交谈。电话是通信方式的一次伟大革命。

电话的发明者是美国发明家亚历山大 · 贝尔。贝尔喜欢做科学实验。在一次实验中，他发现当电流接通或断开时，螺旋线圈会发出噪声。这种现象引起了他的兴趣，他有了一个大胆的设想：电流是不是可以用来传递人的声音呢？

从此他开始了研究、设计电话。经过两年的艰苦实验和不断改进，他们做好了一部电话样机。贝尔的第一个电话是打给他的助手的，内容是：“华生先生，过来一下！我要见你！”虽然实现了异地通话，但在这时的通话距离短，效率低。不久后，电话交换机被发明出来，这使同一条电话线接多部电话成为现实，电话通信被推向新的阶段。

▲ 贝尔电话的原型

贝尔于 1875 年制成电话的原型。此装置由一个磁臂、一圈电线和一张薄膜组成。声音通过振动薄膜，再振动磁臂，磁石的移动令线圈产生波动的电流。这个电信号则利用线路另一端的相同装置再转换回声音。

▼ 贝尔发明了电话

电话的工作原理是什么呢？从表面上看，两个用户通过电话通信，需要两部电话机和一对连接的线路，本质上是通过声能与电能的相互转换，传输语言。早期电话机使用的是一片薄金属片，声音会使它产生震动，引起碳粒发

◎电话工作原理◎

①打电话的人对着话筒讲话时，声带的震动引起空气震动形成声波。

②声波作用于话筒，产生电流，即“话音电流”。

③线路将“话音电流”传送到对方听筒内。

④受话器把电流转化为声波，通过空气传给人的耳朵。

生波动，再经过传递，还原声音。

电话的发明，使人们的生活进入了新篇章。1877 年，第一份用电话发出的新闻电讯稿被发送到波士顿《世界报》，标志着电话为公众所采用。1878 年，贝尔电话公司正式成立，并在波士顿与纽约之间架设了世界上第一条 320 千米长的长途电话线，电话开始走进千家万户。

从早期的磁石式电话机开始，各式各样的电话机不断被发明出来。我国近代第一款真正的电话是“手摇式电话机”，需要中转服务台提供人工服务，接下来，转盘式电话机实现了中转连接自动化，拉开了现代通信网络的序幕。因为转盘式电话机容易出现错号，按键式电话机终于登场了，按键式结构能满足人们对基本通话的需求，直到今天，依然是电话机的主流结构。

▲ 第一部公用投币电话

1889 年，美国康涅狄格州安装了第一部公用投币电话。

▲ 手摇电话机　▲ 转盘拨号电话机　▲ 按键式电话机

◎引经据典·小百科◎

发明家贝尔 1922 年 8 月去世，北美所有的电话暂停一分钟以纪念贝尔。电话的发明开启了新时代，如今的人们借助光缆、网络、卫星等实现了在全球任何一个角落无障碍交流和传递信息。

留声机的出现，让人们意识到声音可以被这么轻松地记录、储存和传播。作为放送唱片的电动设备，留声机于 1877 年由美国大发明家爱迪生发明出来，它也被誉为爱迪生最伟大的发明。

留声机现在已经不太常见了。我们仅能够在影视剧中看到有人把一张唱片放置在转台上，唱针刚刚接触，随着唱片的旋转，就有美妙的音乐和歌声悠扬地播放出来。声音是从哪来的呢？秘密就在唱片平面上那些凹下弧形刻槽内，那是声音储存的地方，经过留声机的播放，我们就能听到动听的旋律。

是谁发现的这个秘密呢？是美国的大发明家爱迪生。托马斯 · 阿尔瓦 · 爱迪生在使用电话时发现，电话的“传话器”会随着声音出现震动，他用一根短针做了试验，证明说话的快慢会使短针产生不同的颤动。他灵机一动，是不是这种颤动也能发出原先说话的声音呢？有了这个想法，爱迪生开始进行大量的试验。1877 年 8 月，爱迪生和助手一起制作了一台“会说话的机器”。

▲ 爱迪生发明的第一代锡纸唱机

爱迪生对着机器唱起一首简单的儿歌，唱完后，摇动机器，随着一圈一圈地转动，机器里出现了爱迪生刚刚唱歌的声音！大家兴奋极了，爱迪生的试验成功了。

◀ 发明留声机的爱迪生

托马斯 · 阿尔瓦 · 爱迪生（1847—1931 年），美国大发明家，一生的发明共有 2000 多项，拥有专利 1000 多项。

留声机刚一问世就受到了大众的喜爱。很多人包括爱迪生自己都在不断地改进留声机。1887 年，来自德国的爱弥尔·柏林纳进行了创新，用圆盘形的唱片代替了大唱筒，唱片用两个手摇转轮带动。

▲爱迪生宣布发明了“会说话的机器”

留声机迅速在世界上流行开来。1879 年，留声机引入日本，留声机唱片在日本十分盛行，日本商人与美国合作成立了日本第一家生产留声机和唱片的公司“日本蓄音器制造株式会社”。这股风潮也传到了中国，当时慈禧太后收到的 70 岁生日礼物就有一款柜式留声机。

想象一下，在留声机没有被发明出来之前的生活，如果想听到音乐，要么自己演奏，要么特意去某地听演奏会。当声音能够被记录下来，这让我们即使不出门，也能听到来自世界各地的乐曲了。

▲爱弥尔·柏林发明的留声机唱片

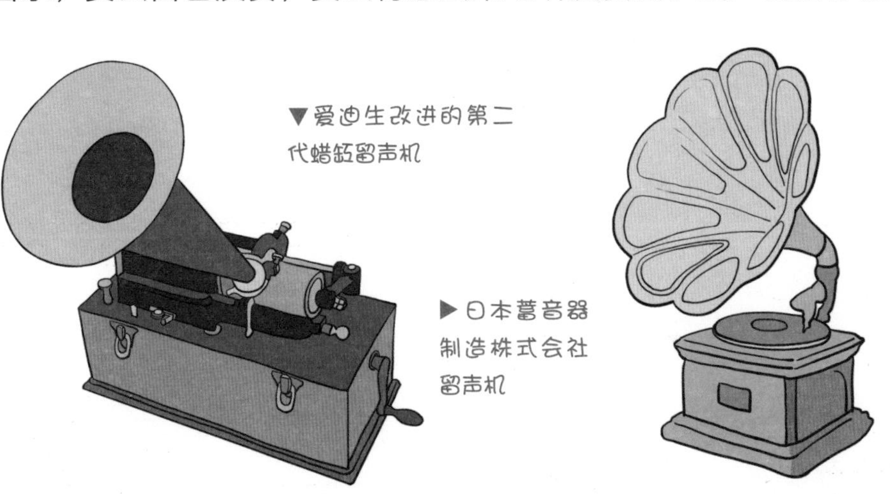

▼爱迪生改进的第二代蜡筒留声机

▶日本蓄音器制造株式会社留声机

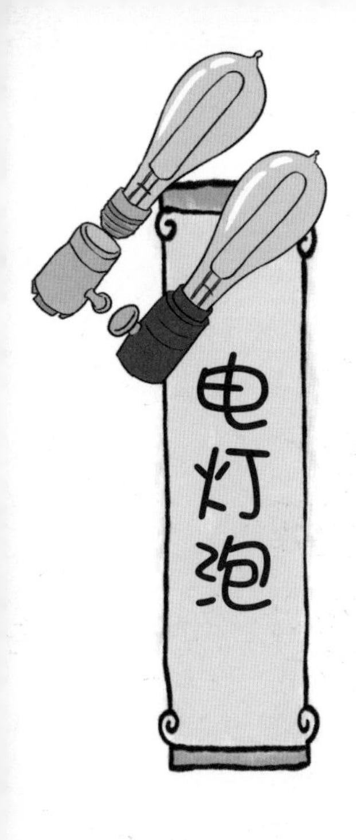

电灯泡

灯泡是一种看起来很简单的照明源，它解决了人们对光明的基本需求。随着社会的进步，灯泡不止用于发光照明，也能用于美化环境和进行装饰。不过，灯泡的发明也并不是一蹴而就的，而是经历了很多次反复的试验。

在灯泡发明之前，人们使用的照明工具主要有火把、蜡烛、煤油灯或煤气灯。显然，这些工具要么因为利用了煤油或煤气，燃烧时会有刺鼻的味道，需要不停地添加燃料，要么受到一定限制，容易被风、雨所灭，很不方便。更麻烦的是，这类照明设备容易引发火灾，给人们带来损失。

▲煤油灯

▼做实验的爱迪生

如果能有一种既安全又方便的照明工具该多好啊！1879 年，美国的科学家爱迪生解决了这一问题。爱迪生总结了前辈们制造电灯的经验，从两方面进行了大量的试验：一是寻找耐热的材料；二是改进设备，让灯泡内变成真空。他先是使用碳块做灯丝，可是灯丝很快烧断了。他毫不灰心，不理会别人的嘲笑，做了几千次试验，最终把一条竹丝撕成细丝，经炭化后做成了灯丝，这就是最早的——竹丝电灯。

▲第一盏灯

1809 年，汉弗莱·戴维接通电池的两根炭棒，为矿工带来了短暂的光明。

那么灯泡是如何带给我们安全的光呢？灯泡发光主要是根据电流的热效应原理。它由灯丝、玻璃壳体、灯头等几部分组成。电流通过后，灯丝被加热到白炽状态（2000℃以上）从而发热发光。所以，灯泡的学术名称应该叫“白炽灯”。

玻璃泡
灯丝
导丝
芯柱
排气管

▲灯泡的工作原理

玻璃体内是真空的，或充满惰性气体防止灯丝氧化；电流使灯丝炽热发光；电流从导线进入灯丝。

爱迪生提高了灯泡的寿命后，商人们很快把它投入生产。不过，爱迪生并没有停下脚步，他希望让灯泡发光的寿命更长。1910 年，钨丝做灯丝的灯泡被发明出来，接下来，人们又学会了在灯泡的玻璃壳内充入气体防止灯丝氧化。随着灯泡变得安全、方便、高效，逐渐走入了寻常百姓家，成为人们夜晚中最需要的照明工具。

▲LED 节能灯

LED 是半导体发光二极管，它可以直接把电转化为光。被视为灯泡之后的巨大光革命。

◎引经据典·小百科◎

灯泡的发明人一般认为是美国发明家爱迪生。不过，在爱迪生之前许多人已经做过尝试。1854 年亨利·戈培尔使用一根炭化的竹丝，放在真空的玻璃瓶下通电发光，但他并没有及时申请设计专利。英国人约瑟夫·威尔森·斯旺以真空下用碳丝通电的灯泡得到英国的专利，并开始在英国建立公司，在各家庭安装电灯。爱迪生在英国的电灯公司被迫让斯旺加入为合伙人。

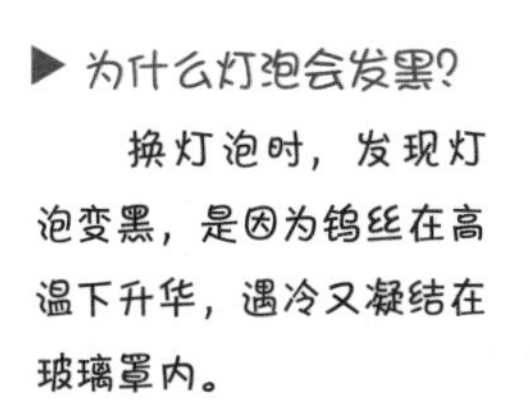

▶为什么灯泡会发黑？

换灯泡时，发现灯泡变黑，是因为钨丝在高温下升华，遇冷又凝结在玻璃罩内。

无线电

无线电，顾名思义，不使用电线，通过发射不可见的电磁波便可到达世界上的任何一个地方。无线电应用极广，无论电报、电话、电视、广播，还是航海、军事、卫星，人们生活的方方面面都受到无线电技术的支撑。

我们看不到“无线电”，但能看到：发射机和接收器。发射机负责转换无线电波，用天线将电波发射出去，接收的一方收到无线电波，再把它转为声音。我们能够收听广播、电视，接听手机电话，都要感谢无线信号。

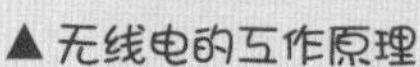

▲ 无线电的工作原理

发射机通过发射信号，把发出的声音转成无线电波，接收器的天线收到无线电波后，把电波变成声音。

无线电是怎么发明的呢？这是一件很有争议的事。因为一直以来，多位科学家都在这方面进行探索，他们为无线电的产生奠定了基础。1842 年，美国物理学家亨利发现“放电就是振荡”。

1864 年，苏格兰物理学家麦克斯韦提出“电波在空气中的传播速度与光的传播速度相同，只是波长不同”。1888 年，德国物理学家赫兹发现了无线电波，证明了它以波的形式传递，能够用来携带信息，可惜赫兹没能见到它投入使用就去世了。但是，他的科研成果却影响了很多人继续进一步研究，其中就有将无线通信商业化的意大利人古格列尔莫 · 马可尼。

马可尼为赫兹的理论所着迷。他发现，无线电可以无须借助导线就可用来发射摩尔斯电码。为此，他设计了各种试验，甚至在风筝上绑上天线进行传输试验，结果发现天线高度与通信距离有直接关系。天线越高，通信距离越远。他又进一步在海上进行通信试验，受到英国政府的重视，这才有了无线电“离开实验室，成为一种商业用途”。1898 年，马可尼的无线电电

报和信号公司拍发了第一封收费无线电报。从研究、试验到全球使用，马可尼在无线电上的贡献无人替代。1909 年，马可尼由于“发明无线电报的贡献”获得诺贝尔物理学奖。

1906 年第一次国际无线电会议在柏林召开，会议对频率进行了分配，将长途通信、非公众通信以及呼救信号 SOS 专属的频率区分开来。

▲ 无线电收音机

无线电最早应用于航海中，使用摩尔斯电码在船与陆地间传递信息。现在，无线电有着多种应用形式，它的应用摆脱了依赖导线的方式，无论是行驶的火车、骑车还是天空中的飞机、太空上的卫星，都可以与之联系。所以说，无线电的发明是通信技术上的一次飞跃，也是人类科技史上的重大成就。

▼ 海难的信使

1912 年泰坦尼克号沉没时船上发出了无线电求救信号，挽救了数百条生命。

汽车

汽车是人们出行最常用的一种交通工具，已经逐步进入每个家庭之中。汽车用它的四个轮子带着我们去想去的地方，它让人类探索的范围更广，也给人们的日常生活带来了极大的便利。

汽车大家都不陌生，它有方向盘、发动机、底盘、轮胎等很多部件。但是，你知道第一台汽车是什么样子吗？是谁发明了汽车呢？

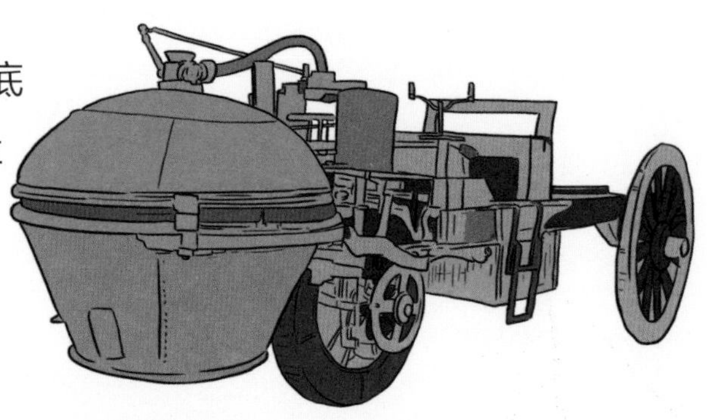

▲蒸汽汽车

产生蒸汽的锅炉在车子前面，蒸汽汽车前方有一个轮子，后方有两个轮子。

汽车的发明出现在工业革命时期。第一台汽车是用蒸汽机作为动力的。不过，蒸汽机太庞大了，一位德国机械设计师卡尔 · 本茨认为内燃机更适合作为汽车的动力。

▼奔驰1号车

本茨的汽车是三轮的，本茨太太被称为世界上第一位汽车驾驶员。

1885 年，一直在研发发动机的德国工程师卡尔 · 本茨制造了他的第一辆汽车。汽车以汽油内燃机为引擎，车体以钢板和木板为主，车轮是钢制的，外面包着橡胶。由于总是抛锚，还散发着难闻的汽油味，所以并不受欢迎。

为了支持他，本茨的妻子伯莎 · 本茨勇敢地成为第一位远途试驾的人。她带着孩子驾驶这辆“本茨车”，一路颠簸到达了 200 千米以外的另一个城市。她的举动证明了这辆“汽车”的能力，使得本茨在慕尼黑工业博览会上成功推销了自己的研究成果。

卡尔 · 本茨在 1886 年 1 月 29 日申请了专利，这一日期被确认为汽车的诞生日。

在卡尔 · 本茨研究的同时，另一位德

国工程师戴姆勒也制造出第一辆四轮汽油机汽车，最高车速14.4千米/小时。戴姆勒和本茨被称为“汽车之父”。

本茨在汽车研发成功后，他创立的“奔驰公司”称为德国最大的汽车制造厂。1895年，奔驰设计了世界上第一辆公共汽车投入运营。1896年，戴姆勒制造了第一辆内燃机货车。

1913年，美国人亨利·福特发明了以传送带为基础的装配线，使用流水线大批生产汽车，使得汽车的组装变得快速而容易，且价格变得便宜起来，让普通家庭也能拥有汽车。

▲ 戴姆勒的四轮汽车

由于汽车的出现，带动和诞生了很多产业，作为出行工具，也让人们的交流更加容易、便捷，加速了人流与物流的流动速度。

▲ 1895年，本茨发明了第一辆公共汽车

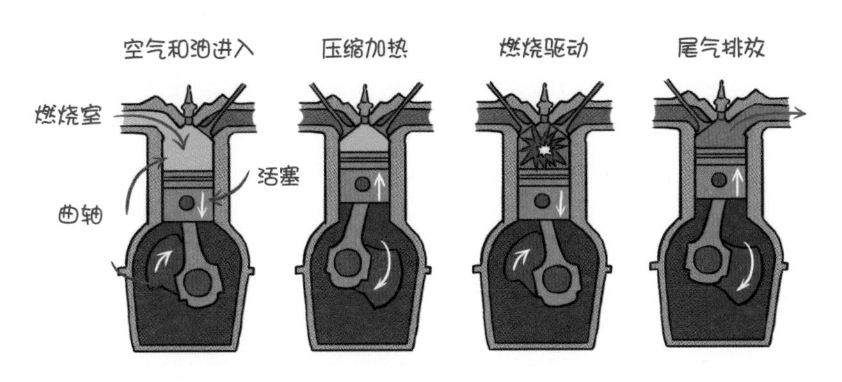

▲ 汽车发动机的工作原理

空气和汽油的混合物进入燃烧室后，使活塞压缩混合物起到了加热的作用。加热后，火花塞会点燃混合物驱动了活塞，活塞膨胀后，气体通过尾气管进行排放。

电影，是一门技术也是一门艺术。它利用视觉暂留原理，将影音摄录在胶片上，通过放映，用电的方式将活动影像投射到银幕上。

走进电影院，观看精彩的影片，欣赏现实中看不到的神奇动物和神秘世界，生活也变得丰富和有趣起来。是谁这么聪明发明了电影呢？

电影的发明跟一匹马有关。有两个好朋友发生了争论，他们想弄清楚马在奔跑时四个蹄子是否都着地？一个认为马在跃起的瞬间四蹄是腾空的，一个则认为马至少有一个蹄子是着地的。最后，他们请一位摄影师帮助。摄影师安排了 24 架照相机，同时对准跑道。最后，拍出的照片完整记录下马奔跑的姿态，可以看出马在奔跑时蹄子是腾空的。有人无意中翻动照片，结果照片中只是记录瞬间的马忽然“活”了起来。

▲马奔跑时蹄子是否都着地？

从 1888 年到 1895 年期间，法、美、英、德、比利时、瑞典等国都有拍摄影像和放映的试验。法国人制造的“光学影戏机”拍摄了世界上第一部动画片《一杯可口的啤酒》。1889 年，美国发明大王爱迪生将摄制的胶片影像进行公映，引起了轰动。

▶ 电影胶片

制作电影用的感光材料的总称，有不同规格，如 16MM 胶片常用于纪录片，35MM 是最常见的规格。

不久后，法国的奥古斯特 · 卢米埃尔和路易斯 · 卢米埃尔兄弟改造了“西洋镜”，发明了 “活动电影机”，展示了稳定而清晰的

图像，并向社会公映了一批纪实短片。卢米埃尔兄弟是第一个利用银幕进行投射式放映电影的人，被称为“电影之父”。

受技术局限，早期电影只有影像，没有声音，被称为“默片”。直到 1927 年，第一部有声电影《爵士歌王》上映，无声电影才被取代。

电影的出现，不仅丰富了人们的生活，还创造了具有经济和文化双重属性的“电影产业”，无数精彩的优秀影片和演员被人们铭记，每年都有惊人的票房创造着巨大的经济价值。

▲ 电影诞生

卢米埃尔兄弟在巴黎“大咖啡馆”的地下室放映影片《工厂大门》《火车到站》等，宣告了电影的诞生。1895 年 12 月 28 日被认为是世界电影诞生日。

▼ 西洋镜

爱迪生的发明传到中国被称为“西洋镜”。他所发明的这种电影视镜是利用胶片的连续转动，造成活动的幻觉，每次仅能供一人观赏，一次放几十英尺的胶片，内容是跑马、舞蹈表演等。

◎ 引经据典 · 小百科 ◎

奥斯卡金像奖，又名美国电影艺术与科学学院奖。该奖项是美国历史最为悠久、最具权威性和专业性的电影类奖项，也是全世界最具影响力的电影类奖项。奥斯卡金像奖从 1929 年开始，每年评选、颁发一次，从未间断过。

美国莱特兄弟制造了世界上第一架依靠自身动力进行载人飞行的飞机，被认为是人类在 20 世纪所取得的最重大的科学技术成就之一，有人将它与电视和电脑并列为 20 世纪对人类影响最大的三大发明。

从古到今，人类对飞翔的渴望从未停止。2000 多年前，中国人发明了风筝，虽然没有把人带上天，却在风筝上画上各种图案，将美好的愿望送上天空。1783 年，有人发明了热气球，利用空气的温度差完成了人类首次热气球飞行，至今，热气球还常用于航空摄影和旅游。为了能够飞行，有人甚至戴上羽毛做的翅膀一次次从高处跳下。在莱特兄弟成功前，还有很多人做了各种关于飞行的尝试。

▲早期人类飞行尝试

能够上天的“飞行器”有很多，飞机与它们有什么区别呢?飞机具有一具或多具发动机，靠自身动力驱动前进，如果没有动力，就只能在空中滑翔，那就是滑翔机；另外，飞机使得自身在大气中的密度大于空气，小于空气的则是气球或飞艇。所以，飞机是具有机翼、靠自身动力驱动前进，在大气中自身的密度大

▲莱特兄弟试飞成功

◀最早的载人飞行记载

“公输子削竹以为鹊，成而飞之，三日不下。”——《墨翟》

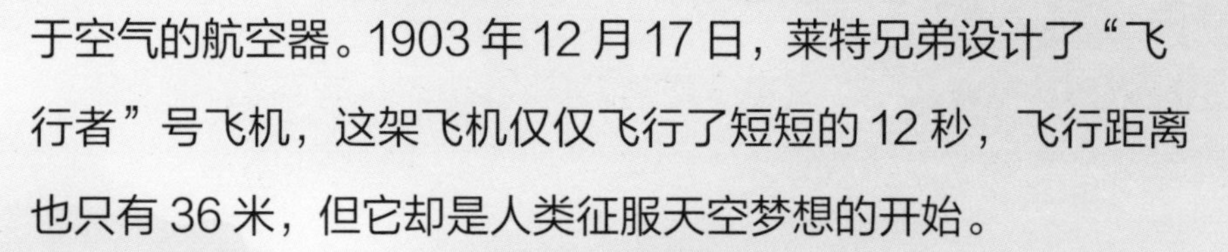

于空气的航空器。1903 年 12 月 17 日，莱特兄弟设计了“飞行者”号飞机，这架飞机仅仅飞行了短短的 12 秒，飞行距离也只有 36 米，但它却是人类征服天空梦想的开始。

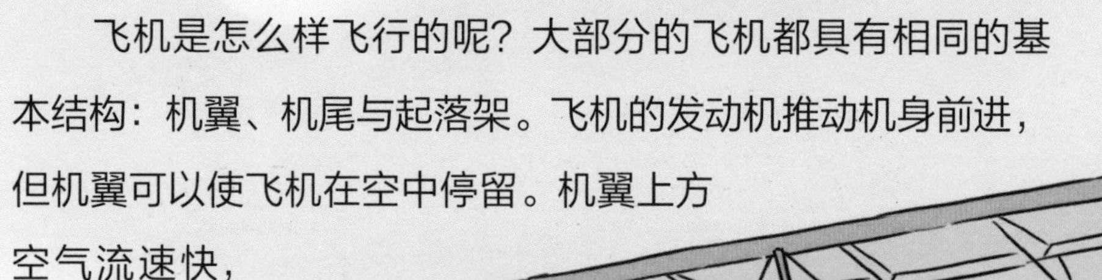

飞机是怎么样飞行的呢？大部分的飞机都具有相同的基本结构：机翼、机尾与起落架。飞机的发动机推动机身前进，但机翼可以使飞机在空中停留。机翼上方空气流速快，气压低，下部气压高，机翼由此被升力吸住。机翼上的可移动表面可以为起飞产生更大的升力。

前缘缝翼
副翼
升降舵
机身
水平尾翼
舱门
主翼
发动机

▲飞机主要组成部分

继莱特兄弟之后，英国工程师弗兰克·惠特尔发明了喷气发动机，俄裔美国人伊格尔·西科斯基设计了第一架现代直升机。自从飞机发明后，日益成为人类文明不可缺少的工具，它给人们的生活带来深刻的改变，也开启了人类征服蓝天的历史。

塑料

塑料，也就是“可塑造的材料”，是人类文明的重要发明之一。塑料应用极广，给我们的生活带来极大的便利，但同时它也形成了“白色污染”，造成环境危害。

提起塑料，无人不知无人不晓。儿童玩具、矿泉水瓶、包装袋、管道等塑料制品，在生活中到处可见。什么是塑料？ 从化学上说，塑料是几千甚至几百万个原子的大分子组成的聚合物，是由很多单元不断重复组合而成的。组合方式很多，所以塑料种类繁多。

在塑料发明之前，人们使用什么材料呢？主要是各种天然材料，如木材、蚕丝、甲壳、钢铁、煤矿、石油、土壤……不过，这些材料都有各自的局限。1905 年，比利时出生的化学家列奥 · 亨德里克 · 贝克兰开始了对“苯酚和甲醛”的研究，在五年的时间里，他研究并制造出了“酚醛塑料”——也叫作“电木”，这种材料既隔热又不导电，经常用在收音机的外壳上。这是第一种完全人工合称的塑料。

▲电木常被用于电器的外壳

塑料一出世，便被人们当成了至宝。它可塑性好，可以做成各种形状，质地坚硬又绝缘性好，不导电，不易融化、耐腐蚀而且造价低廉。化学家们受“电木”的影响，开始大量研制各种新

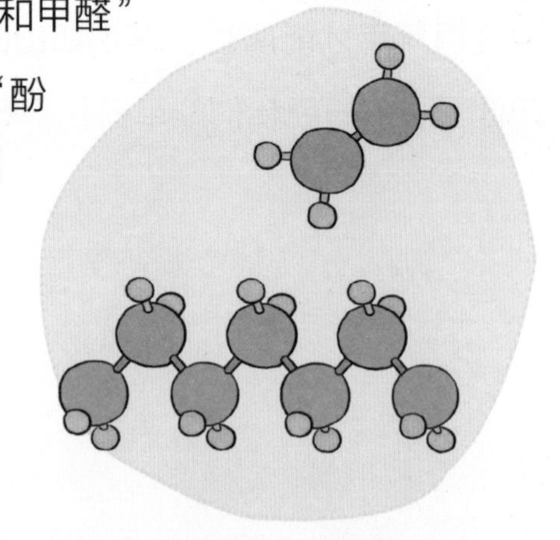

▲爱迪生发明的第一代锡纸唱机

的塑料，并大力开发塑料的用途。如通信方面，电话线都是用塑料绝缘，电话机之类的电话装置都安装在塑料壳里；家庭内也出现了很多塑料制造的日用品，如排污管道和塑料家具等。塑料逐渐成为人类应用最多的材料。

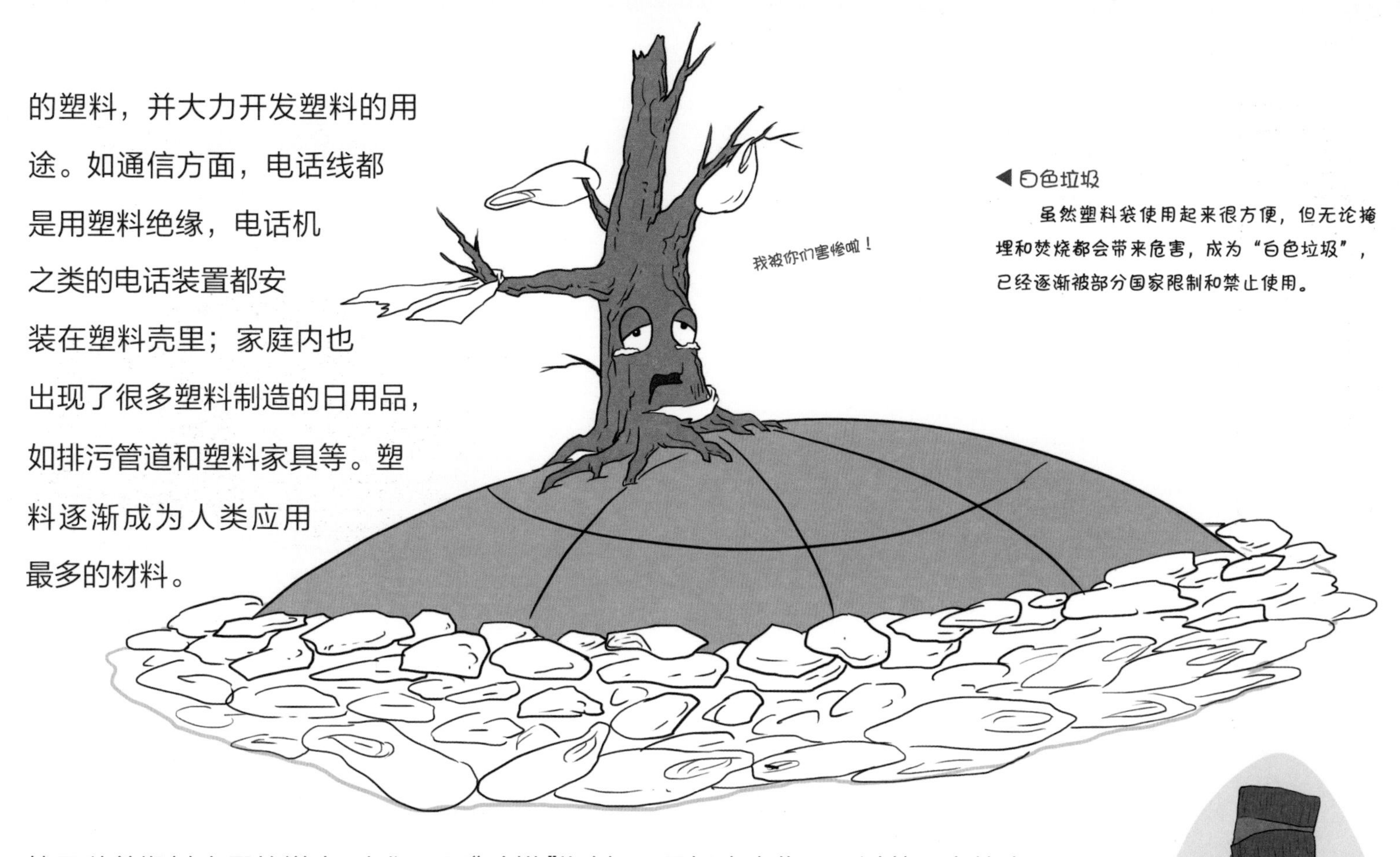

◀白色垃圾

虽然塑料袋使用起来很方便，但无论掩埋和焚烧都会带来危害，成为“白色垃圾”，已经逐渐被部分国家限制和禁止使用。

然而随着塑料产量的增大，人们不再“珍惜”塑料，而是把它当作了用过就丢弃的产品。回收塑料十分困难，燃烧塑料还会产生有毒气体。塑料无法自然降解，就算掩埋也要几百年后才能腐烂。堆积如山的塑料垃圾不但成为人类的敌人，还导致许多动物因此死亡，但愿我们能早日找到解决的办法。

◀有机玻璃也是塑料

有机玻璃又叫亚克力，也是塑料大家庭的一员。

◎引经据典·小百科◎

你知道吗？塑料一般是由小分子有机物聚合而成，例如，聚乙烯、聚丙烯、聚氯乙烯、聚苯乙烯等，而这些小分子物质乙烯、丙烯等是由石油裂解得到的，而石油是不可再生的。

▲疯狂的“尼龙”袜

20世纪30年代美国化学家制造了第一种人工合称的纤维“尼龙”。它也是塑料大家庭的一员。

电视机

电视机，是接收图像画面和音频信号的设备。它曾是我们获取信息的主要渠道，也是最受欢迎的休闲娱乐方式，如今虽然没落，但它在人们的生活中仍然占据着重要地位。

电视机可以说是每个家庭必备的家用电器。在收看新闻、娱乐节目、电视剧时，电视机仍然是我们的一项选择。不过，在一百多年前电视机刚出现的时候，可以说让全世界的人们都大吃一惊。为什么这个方方正正的盒子里能看到图像、听到声音呢？简直像魔法一样！

▲贝尔德饼干盒电视机

世界上第一台电视机是英国的工程师约翰·罗杰·贝尔德发明的。1923 年，贝尔德受到电线远距离传输的启发，想要研究“用电传送图像”。他花光积蓄，利用所有可用的材料，设计了他的实验装置。经过上百次的反复尝试，这台由茶叶箱、饼干盒、帽子盒以及捡来的电动机、投影灯、几块透镜等构成的“机械扫描式电视摄像机和接收机”组装成功了。1926 年，伦敦的一些居民成为首批电视观众。这台“机械”虽然让人吃惊，但画面十分模糊。贝尔德继续做实验，希望改进自己的电视机。1928 年，贝尔德研制出彩色立体电视机，并把图像传到大西洋边，这是第一次跨大西洋的电视转播，是卫星电视的雏形。

1933 年，俄裔美国发明家弗拉基米尔·佐里金改进了显像装置“阴极射线管”，制造了新型电视，至此，现代电视系统基

◀电视机是这样工作的

摄像机把图像和声音转换成电信号，电磁波把转换的电信号远距离传出去，电视机接收到信号后还原出图像和声音。

本成型。能够观看动态画面的电视机受到人们的喜爱，在 20 世纪 50 年代走入千家万户。

随着技术的革新，广播电视技术有了翻天覆地的变化。现在我们所使用的电视机采用的技术是“数字技术”和“等离子屏幕”，而不再是“阴极射线管”了。数字电视和卫星电视让我们看到更清晰的图像，让我们有更多节目可以选择。电视机的出现开始改变了人类的生活、信息传播和思维方式。从此，人类开始步入了电视时代。

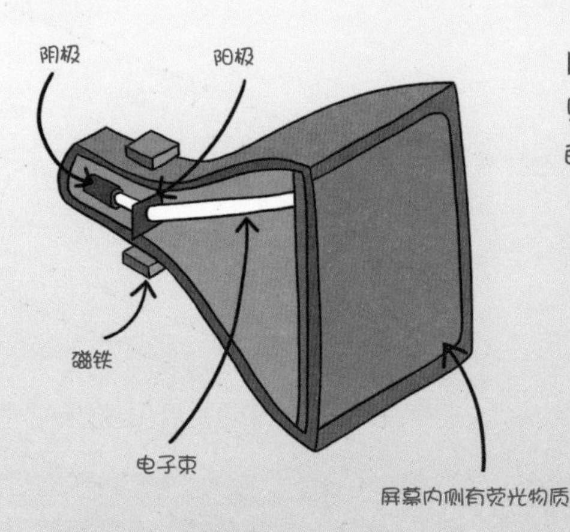

▲“阴极射线管”电视的工作原理

如图所示，来自阴极的电子束在磁铁作用下投向屏幕，电子束击中屏幕上的荧光物质，使它们发光，显示清晰的图像。

▶“电视之父”贝尔德和他制作的电视摄像机

◎引经据典·小百科◎

1936 年电视正式诞生时，人们使用的仍是贝尔德的机械电视系统，但很快就进入了电子电视时代。1936 年 11 月 2 日，英国广播公司在伦敦市郊建成了世界上第一座正规的电视台，向公众正式广播电视节目。

火箭是一种飞行器，在大气层内、外都可以飞行。火箭也是唯一实现航天飞行的运载工具，可以克服或摆脱地球引力，进入宇宙空间。火箭把人类运送到地球大气层之外，让人们对太空和宇宙有了更多的了解。

每当看到电视里火箭发射成功的画面，人们总会很激动。可是，你知道吗？火箭飞行的原理其实非常简单。17 世纪时物理学家牛顿提出：如果以一定速度向后抛出一定质量，就会受到一个反作用力的推动，向前加速。而这一原理与中国节日庆典燃放的烟花完全是同一原理。

火箭的推动力来自哪里呢？来自火箭所用的燃料。燃烧能够产生大量气体，这些气体高速排出，使火箭获得了巨大推力。因此，“火箭”的设计需要它有足够的燃料提升自重，燃料也需要有安全的燃烧方式，另外进入太空还需要能够在真空的环境下工作。1926 年，美国科学家罗伯特 · 戈达德解决了这些

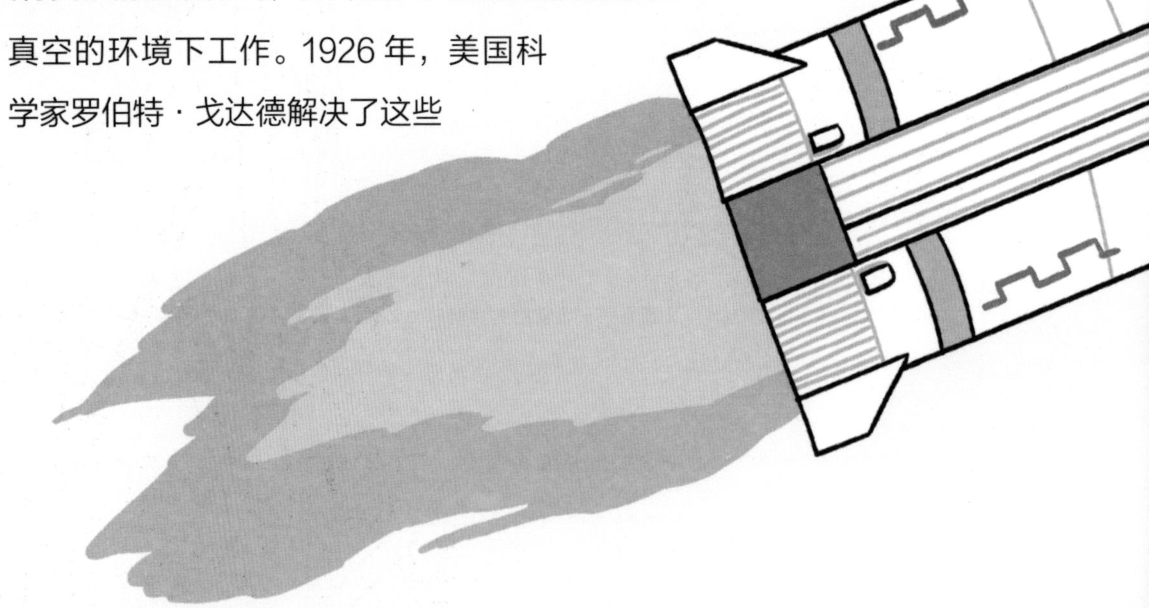

问题，并发射了第一枚液体燃料火箭。可惜这枚火箭并没有到达太空，所携带的动力也只够刚离开地面。

有效载荷
外壳
控制舱
燃烧箱
氧化剂箱
燃烧室
尾喷管

▲ 火箭的设计构造

火箭主要有两种用途。一种是负责在太空进行探测，另一种是负责运载，可以运载人造卫星，也可以把载人飞船、空间站运上太空。

火箭的发射是个大工程。主要有三种方式：地面发射、空中发射、海上发射。其中，空中发射需要用飞机把火箭运送到高空，再释放火箭，与地面发射相比，运载能力几乎提高一倍。

▲美国工程师和物理学家罗伯特·戈达德和他的液体火箭

火箭在第二次世界大战时已经用于战争，人类历史上第一枚弹道导弹V-2首次投入使用。战后，各类导弹武器相继问世，形成了完整的导弹武器系统。

▶苏联宇航员尤里·加加林

苏联使用火箭发射了第一颗人造卫星“斯波尼克”，并在1961年研制了“东方号”火箭把第一位宇航员尤里·加加林送入太空。

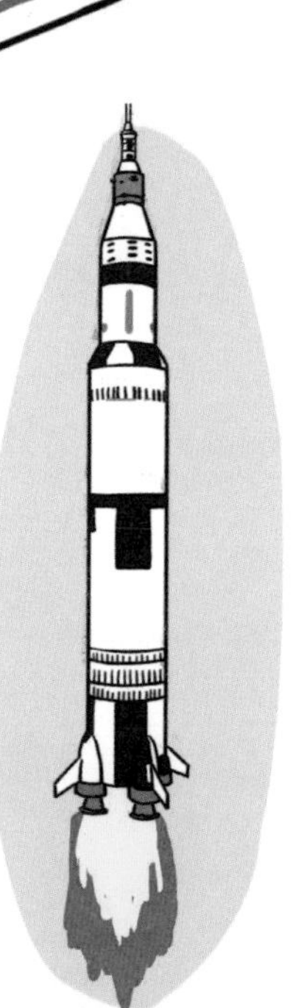

◀执行阿波罗任务的“土星五号”

美国设计了“土星五号”火箭，在“阿波罗”任务中第一次把人类送上了月球。这枚火箭高111米，主体大部分都是燃料箱。

直升机

直升机最大的特点是可以悬浮在空中，垂直起降，进行低空、低速以及机头方向不变的飞行。由于这些特点，直升机在民用和军用方面大展宏图。它是许多困难条件下最好的救助工具，特别是山区和海上。

人类对飞翔有着深切的渴望。神话里的飞行是“腾空而起”，自由飞翔的，能够悬停于空中，还能随时降落——这一切都被“直升机”实现了。直升机是怎么发明出来的呢？

▲中国传统玩具“竹蜻蜓”又名“飞螺旋”

看到直升机的螺旋桨，我们会首先想到中国有一种古老的玩具“竹蜻蜓”，它依靠螺旋桨的空气动力垂直升空。无独有偶，在第一架直升机发明前的四百多年，大画家达·芬奇就画出了一幅“空中螺旋桨”的画，描绘了他对飞行器的设想。它们为现代直升机的发明指出了正确的思维方向，被公认为是直升机发展史的起点。

▼旋翼飞机

酷似直升机，与直升机的区别是旋翼机的旋翼不与发动机传动系统相连。

随着莱特兄弟的飞机起飞成功，人们加紧了对“直升机”的研制。1923 年，西班牙工程师胡安·德·拉·希尔瓦在“旋翼技术”上取得了突破，他采用自转旋翼代替机翼，发明了“旋翼飞机”。从外表看，它顶部有一个如同直升机一样的旋转部件，不同的是，它的动力依然是发动机提供的，而不是这个部件推动的。这表示它不具备直升机的特点。

现代直升机的模板是 1913 年俄裔美国人伊格尔·西科斯基发明的 VS-300。这架飞机顶部有一个大的螺旋桨，尾部螺旋桨起到维持平衡的作用。这种设计使直升机拥有了朝任意方向运动（包括上下颠倒）和悬停的能力。后来，西科斯基又设计了 VS-44 机型，可运载乘客。

如今，直升机作为一种特殊的运输工具，被广泛地应用于搜救救援救护、物资运输、人员输送、航拍、防火与救火、警用警戒、巡逻与控制等各个领域。直升机的发展也越来越“专业化”，逐渐发展出了运输直升机、救护直升机、武装直升机、搜救直升机、通信直升机、电子战直升机等专用直升机。

▶ VS-300 直升机

VS-300 采用单旋翼带尾桨结构，真正具备了现代直升机的飞行特点。

◎引经据典·小百科◎

《简明不列颠百科全书》第 9 卷写道：“直升机是人类最早的飞行设想之一，多年来人们一直相信最早提出这一想法的是达·芬奇，但现在都知道，中国人比中世纪的欧洲人更早做出了直升机玩具。”

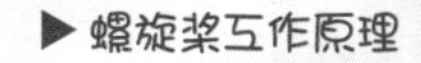

▶ 螺旋桨工作原理

当螺旋桨提供的升力等于重力时，直升机就会悬停。尾部的螺旋桨阻止直升机旋转，控制机身向左右移动。

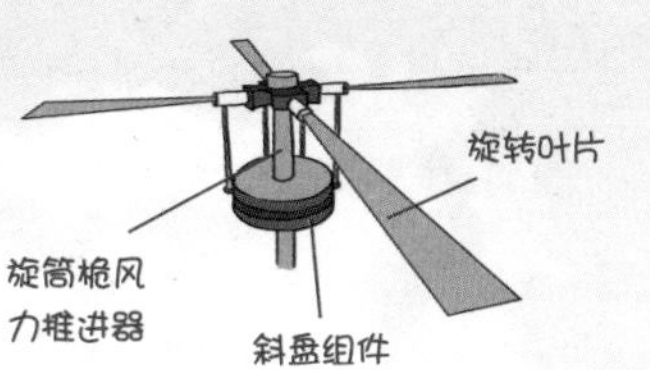

计算机，又叫电脑，是一种用于高速处理海量数据的电子计算机器。计算机是 20 世纪最先进的科学技术发明之一，对人类的生产活动和社会活动产生了极其重要的影响，并引发了深刻的社会变革。

计算机在我们的生活里无处不在。无论是处理文字或数据，还是休闲娱乐，工作和生活都离不开它。计算机不只为生活提供了很大的便利，也为我们提供了大量的信息，但是它仅仅被发明了一百多年。

▲老式计算机

第二次世界大战期间，美国科学家设计并制造了 ENIAC 第一代电子计算机。它占地约 170 平方米，计算速度只有每秒 5000 次，而且工作时间不能太长，因为很耗电，容易发热。这台机器是用来研发新型大炮和导弹数据的。

许多科研人员为这台计算机的诞生做出了贡献，但数学家冯·诺依曼的设计思想在其中

◀ENIAC 的运行

起到了关键作用。冯·诺依曼理论的要点是：数字计算机的数制采用二进制；计算机应该按照程序顺序执行。

随着晶体管、集成电路、超大规模集成电路、微处理器等新技术的发明和应用，计算机变得一代比一代速度快、体积小、容量大。现在我们使用的计算机是第四代，互联网的发明和应用是这一代计算机的标志。

随着科技的进步，各种计算机技术、网络技术的飞速发展，电脑一体机、笔记本电脑、掌上电脑、平板电脑，新的类型层出不穷，计算机的发展已经进入了一个快速而又崭新的时代。它改变了我们生活的方方面面，学习、工作、社交方式等都受到了计算机和网络的影响。

▲集成电路

微型电子器件，把一定数量的常用电子元件集成在一起的具有特定功能的技术。

◀晶体管

固体半导体器件，堪称所有现代电器的关键活动元件。

◀互联网兴起

20世纪60年代后期，因特网（互联网）逐渐成长起来，万维网(www)被广泛应用。

◎电脑常见用语◎

PC：个人计算机 Personal Computer

CPU：中央处理器 Central Processing Unit

MB：主机板 Mother Board

RAM：内存 Random Access Memory

HDD：硬盘 Hard Disk Drive

FDD：软盘 Floopy Disk Drive

AUD：声卡 Audio Card

NIC：网卡 Network Interface Card

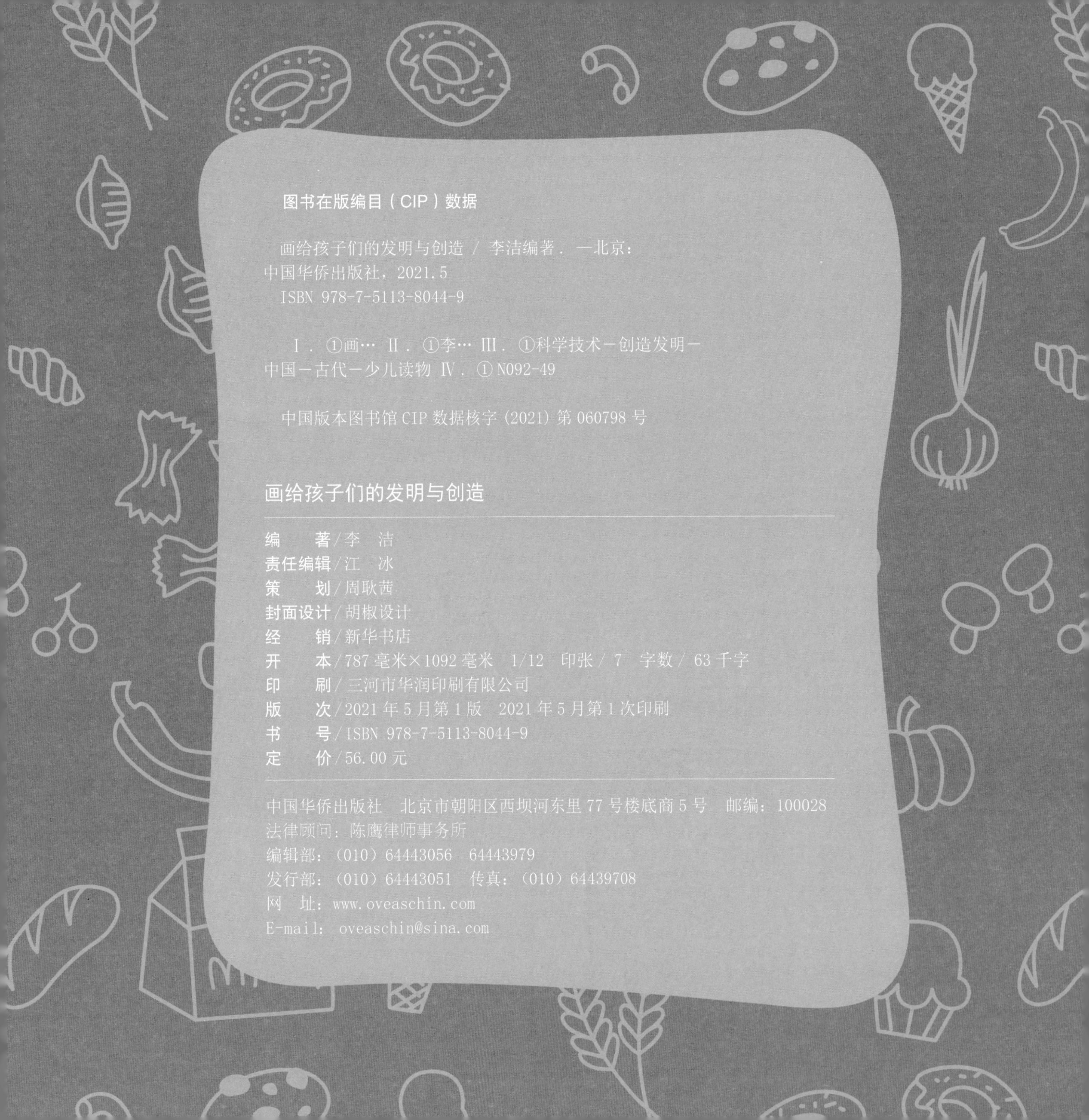

图书在版编目（CIP）数据

画给孩子们的发明与创造 / 李洁编著. —北京：
中国华侨出版社，2021.5
ISBN 978-7-5113-8044-9

Ⅰ. ①画… Ⅱ. ①李… Ⅲ. ①科学技术－创造发明－
中国－古代－少儿读物 Ⅳ. ①N092-49

中国版本图书馆 CIP 数据核字（2021）第 060798 号

画给孩子们的发明与创造

编　　著 / 李　洁
责任编辑 / 江　冰
策　　划 / 周耿茜
封面设计 / 胡椒设计
经　　销 / 新华书店
开　　本 / 787 毫米×1092 毫米　1/12　印张 / 7　字数 / 63 千字
印　　刷 / 三河市华润印刷有限公司
版　　次 / 2021 年 5 月第 1 版　2021 年 5 月第 1 次印刷
书　　号 / ISBN 978-7-5113-8044-9
定　　价 / 56.00 元

中国华侨出版社　北京市朝阳区西坝河东里 77 号楼底商 5 号　邮编：100028
法律顾问：陈鹰律师事务所
编辑部：（010）64443056　64443979
发行部：（010）64443051　传真：（010）64439708
网　址：www.oveaschin.com
E-mail：oveaschin@sina.com

MILK

MILK